普通高等教育“十一五”国家级规划教材配套教材

大学计算机实践教程

(第6版)

(计算思维·Python语言基础)

主　编　蒋加伏　刘正余　郁书好
副主编　毛德梅　谷云高　卢清平

北京邮电大学出版社
·北京·

内 容 简 介

本书是普通高等教育"十一五"国家级规划教材《大学计算机》(第6版)(计算思维·Python语言基础)的配套实验教材,用于辅助教师实践教学,也可以帮助学生自学。

本书分为8章,主要内容包括操作系统实验、Word文字处理实验、Excel电子表格实验、PowerPoint幻灯片演示实验、信息检索实验、信息发布实验、综合应用能力训练及Office 2016使用技巧。用书学校可根据教学对象的层次和实验条件合理取舍。每个实验均以案例的方式介绍,并按线上与线下相结合学习的特点设计。

本书内容丰富、全面,侧重应用能力的培养。

图书在版编目(CIP)数据

大学计算机实践教程:计算思维·Python语言基础 / 蒋加伏,刘正余,郁书好主编. -- 6版. -- 北京 :北京邮电大学出版社,2023.8(2024.7重印)

ISBN 978-7-5635-6973-1

Ⅰ. ①大… Ⅱ. ①蒋… ②刘… ③郁… Ⅲ. ①电子计算机—高等学校—教材 Ⅳ. ①TP3

中国国家版本馆CIP数据核字(2023)第144573号

策划编辑: 肖玉坤 **责任编辑:** 向 蕾 **封面设计:** 广信达雅

出版发行: 北京邮电大学出版社
社 址: 北京市海淀区西土城路10号(100876)
电话传真: 010-82333010 62282185(发行部) 010-82333009 62283578(传真)
网 址: www.buptpress3.com
电子信箱: buptpress3@163.com
经 销: 各地新华书店
印 刷: 三河市骏杰印刷有限公司
开 本: 787 mm×1 092 mm 1/16
印 张: 10
字 数: 254千字
版 次: 2023年8月第6版
印 次: 2024年7月第2次印刷

ISBN 978-7-5635-6973-1 定价:39.00元

前　言

党的二十大报告提出“深入实施科教兴国战略、人才强国战略、创新驱动发展战略”。教材是人才培养的重要支撑，也是引领创新发展的重要基础。为了加快实现高水平科技自立自强，更好地培养拔尖创新人才，编者对本教材进行了修订和完善，使教材内容与时代发展的要求同步。

“大学计算机”是高等学校基于中学信息技术教育水平不断提升这一背景而开设的一门非计算机专业计算机公共基础课程，课程内容比较系统和稳定。该课程的开设有助于从广度和深度上优化大学生的计算机知识结构，使其理论基础和实践能力也得到进一步的加强。

本书分为8章。第1章为操作系统实验，主要内容包括文件和文件夹、系统桌面管理、应用软件安装、应用软件卸载、创建和管理账户、清除垃圾文件。第2章为Word文字处理实验，主要内容包括文本输入和编辑、设置文档密码、文档版面编排、制作课程表、制作统计表和制作手抄报。第3章为Excel电子表格实验，主要内容包括创建电子表格、制作图表、数据排序和筛选以及数据分类统计。第4章为PowerPoint幻灯片演示实验，主要内容包括制作幻灯片、设置图片动画、设置文字动画、设置超链接、设置背景音乐和放映方式。第5章为信息检索实验，主要内容包括因特网信息查询方法、保存与复制网页文件、检索与阅读期刊论文以及不同文档格式的转换。第6章为信息发布实验，主要内容包括编写简单HTML网页、编写规范HTML网页、制作滚动文字公告栏。第7章为综合应用能力训练，主要内容包括Windows文件管理、Word 2016图文混排、Word 2016表格处理、Excel 2016数据处理、PowerPoint 2016演示文稿制作和Internet信息检索。第8章为Office 2016使用技巧，主要内容包括Word 2016使用技巧、Excel 2016使用技巧和PowerPoint 2016使用技巧。

本书由长沙理工大学的蒋加伏和皖西学院的刘正余、郁书好担任主编。参加编写的人员有蒋加伏、刘正余、郁书好、毛德梅、谷云高、卢清平。

由于编者水平有限，书中难免有疏漏与不当之处，恳请读者批评指正，以便再版时修订。

编　者

2023年5月

目　　录 CONTENTS

第1章
操作系统实验

实验1-1 文件和文件夹

1. 实验目的

①理解和掌握计算机中的文件操作。

②理解和掌握计算机中的文件夹操作。

2. 实验要求

在D盘创建“资料汇总”文件夹，搜索到计算机中文件名包含“计算机”的文件，将它们备份到“资料汇总”文件夹中。

3. 实验步骤

为了使计算机中的文件存放得更加有条理，便于以后查看和使用，需要定期对文件进行整理。整理文件可以概括为3个步骤：先建立分类文件夹（目录）；接着在计算机中查找要分类存放的零散文件；最后将各个文件分别移动到对应的文件夹中。

(1)创建文件夹

对计算机中的文件进行分类前，首先需要在计算机的指定磁盘中建立分类文件夹，并分别设定分类文件夹的名称。文件夹可以嵌套使用，即在文件夹中继续创建子文件夹，如此更能清晰地划分出文件结构，无论存储文件还是浏览文件，都会更加直观。

在Windows 10中，按Win＋E组合键打开“文件资源管理器”窗口，单击左侧的“此电脑”，如图1-1所示，双击磁盘D的图标。在窗口右侧空白处右击，在弹出的快捷菜单中选择“新建”→“文件夹”命令，输入文件夹名称“资料汇总”，按Enter键确认，如图1-2所示。

(2)搜索文件

建立好文件夹后，可以将计算机中指定的文件放置到相应的文件夹中。如果之前文件放得比较分散，可以通过“搜索”功能来搜索符合条件的文件，然后通过复制、粘贴功能，将文件备份到指定文件夹中。

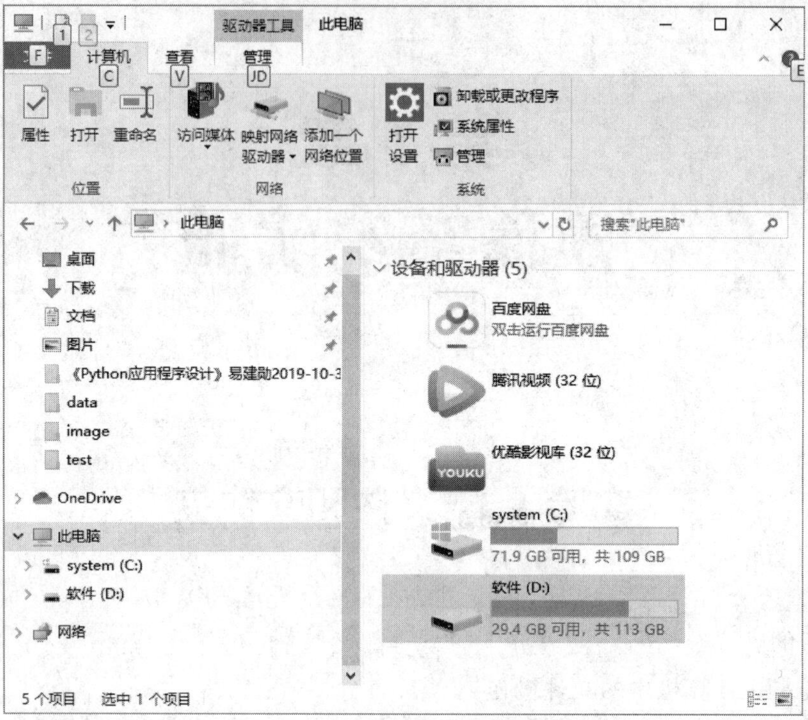

图 1-1 “此电脑”窗口

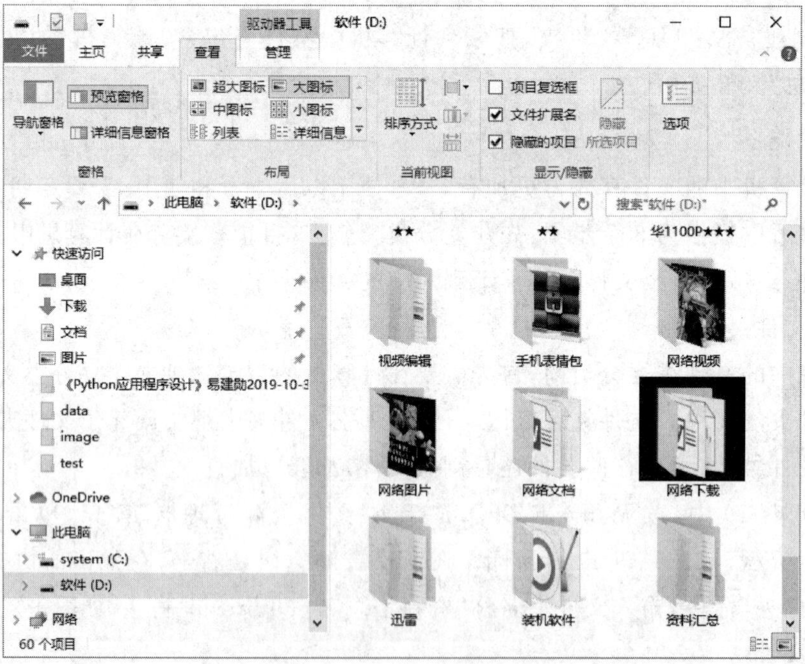

图 1-2 新建“资料汇总”文件夹

通配符是一种特殊符号，主要有星号(*)和问号(?)，它们用来模糊匹配文件名。在查找文件时，可以用它们来代替一个或多个字符。当不知道文件名全称或者不输入完整文件名时，常常使用通配符代替一个或多个字符。在搜索栏中输入关键词“*计算机*.jpg”,就是搜索计算机中文件扩展名为“jpg”、文件名中包含“计算机”的所有文件。一个问号(?)仅代表一个字符,而一个星号(*)匹配字符的数量不受限制。图1-3所示为在搜索栏中输入关键词“计算机”后的结果。

(3)复制全部文件

在图1-3所示的搜索到的文件中单击第1个文件,然后按Ctrl+A组合键选中全部搜索到的文件,按Ctrl+C组合键将选中文件复制到系统剪贴板。进入D盘,选择“资料汇总”文件夹,双击打开文件夹,按Ctrl+V组合键将选中的全部文件粘贴到文件夹中。

(4)复制部分文件

在图1-3所示的搜索到的文件中,单击第1个需要复制的文件,按住Ctrl键不松开,单击选择其他需要复制的文件,然后按Ctrl+C组合键将选中文件复制到系统剪贴板。进入D盘,选择“资料汇总”文件夹,双击打开文件夹,按Ctrl+V组合键将选中的部分文件粘贴到指定文件夹中。

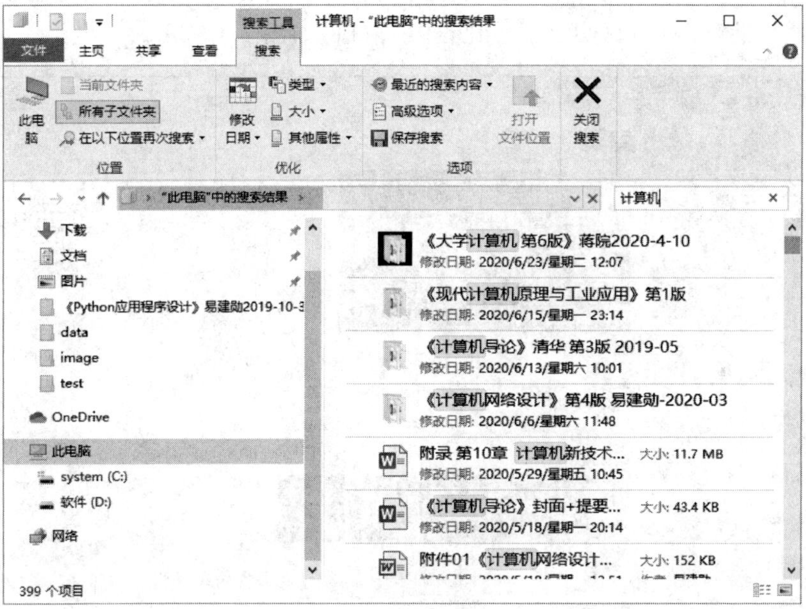

图1-3　搜索到的文件

4.拓展任务

①查看磁盘分区中不同文件夹中的文件。

②在计算机指定分区中新建若干个文件夹,分别设定相应的文件夹名称,然后复制指定文件并分别粘贴到指定文件夹中。

③检查计算机中无用的文件或文件夹,删除到回收站中,然后清空回收站。

④使用搜索功能和通配符搜索指定文件。

⑤将计算机中重要的个人文件的属性设置为隐藏,并使系统不显示隐藏文件。

实验 1-2　系统桌面管理

1. 实验目的

理解并掌握个性化设置与快捷方式图标的功能与使用方法。

2. 实验要求

对桌面进行个性化设置，并在桌面上创建快捷方式图标。

3. 实验步骤

(1)个性化设置

Windows 10 的个性化设置就是使桌面有独特的风格。个性化设置包括背景、颜色、锁屏界面、主题、字体、开始、任务栏。按 Win+D 组合键显示桌面，在桌面空白处右击，在弹出的快捷菜单中单击“个性化”命令，打开“个性化设置”窗口，如图 1-4 所示。

图 1-4　“个性化设置”窗口

背景个性化设置的使用频率较高。在“个性化设置”窗口单击“背景”，在窗口右侧的“背景”下拉列表中，可以选择设置单个图片、纯色和幻灯片模式的背景。

“颜色”个性化设置的使用频率较低。

锁屏界面主要是对锁屏的图片和屏幕保护程序进行个性化设置。

一个主题集成了背景、颜色、声音、光标等设置，一般很少进行个性化设置。

字体个性化设置一般也不使用。

开始个性化设置主要用于设置哪些文件夹、应用列表、项目等显示在“开始”菜单中。

任务栏个性化设置主要包括任务栏在屏幕上的位置设置、是否使用小任务按钮、在平板模式下是否自动隐藏任务栏等。

Windows 10 的个性化设置主要是完善计算机使用的视觉偏好和习惯操作。不同版本的 Windows 10，个性化设置的方式略有区别。

(2)添加快捷方式图标

将快捷方式图标放在桌面上可以快速访问经常使用的程序、文件和文件夹，但过多的快捷方式图标也会使桌面显得凌乱，而且影响系统运行效率。用户可以添加或删除桌面上的快捷方式图标。

快捷方式是项目(程序或文件等)的链接，而不是项目本身。双击快捷方式图标可以打开该项目或运行应用程序。删除快捷方式只会删除这个图标，并不会删除项目本身。

将某项目的快捷方式图标添加到桌面的方法：找到要创建快捷方式的项目；右击该项目，在弹出的快捷菜单中选择“发送到”→“桌面快捷方式”命令，该项目的快捷方式图标便出现在桌面上。

实验1-3 应用软件安装

1. 实验目的

①熟悉软件的安装程序。

②熟悉软件的捆绑安装问题。

③理解软件安装中的安全问题。

④掌握软件的安装方法。

2. 实验要求

下载并安装Python，然后确定其可正常运行。

3. 实验步骤

(1)选择Python版本

Python官方网站发行的Python版本繁多，按操作系统平台划分有源代码版(Source Releases)、Windows版、Mac OS X版(苹果机用)、Linux/UNIX版；按Python解释器划分有CPython、IronPython、Jython、PyPy等；按兼容性划分有Python 2.x和Python 3.x两个互不兼容的版本；按操作系统和CPU位宽划分有32位版和64位版。用户需要根据自己的应用环境选择相应版本。由于32位版本的Python与第三方库的兼容性比较好，下面说明Python 3.7.0 Windows 32位版的安装过程。

(2)下载Python安装程序

打开浏览器，在地址栏中输入官方网址"https://www.python.org/"，在官方网站首页中选择"Downloads"→"Windows"。如图1-5所示，页面中有多种Python版本可供下载，其中"Windows x86"代表32位版，"Windows x86-64"代表64位版。这里安装32位版本，单击"Windows x86 executable installer"选项后，系统自动开始下载该文件。

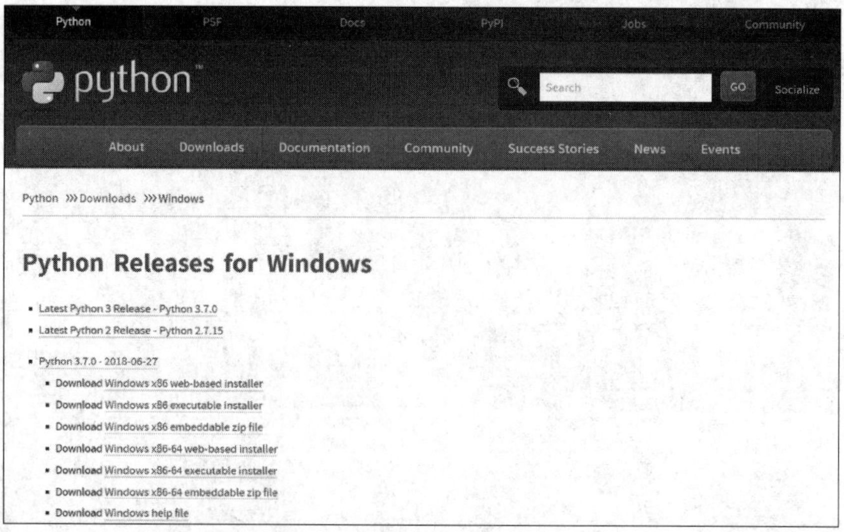

图1-5 Python官方网站下载页面

(3)安装 Python

①在下载目录中找到下载好的 Python 安装文件“python-3.7.0.exe”。值得注意的是,每个用户自定义的下载目录有所不同,如果没有找到下载文件,可以利用 Windows 资源管理器的搜索栏查找下载的文件。找到文件“python-3.7.0.exe”后,双击这个文件图标,就会打开 Python 3.7.0 安装向导对话框,如图 1-6 所示。

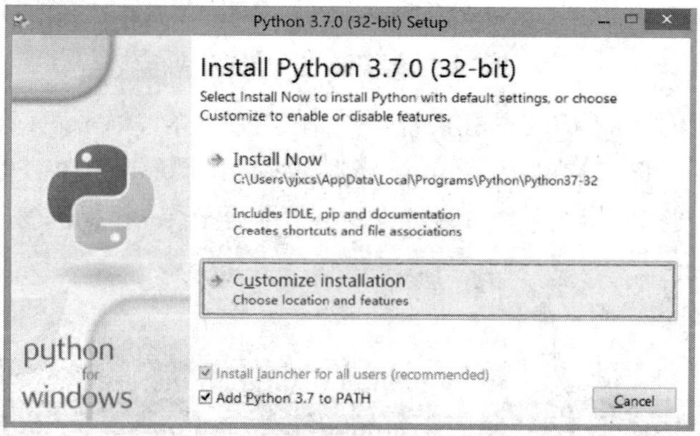

图 1-6　Python 3.7.0 安装向导对话框

②选中“Add Python 3.7 to PATH”复选框(很重要),添加路径的环境变量。

③单击“Customize installation”(个人定制安装),打开安装选项对话框,默认为选中所有项目(很重要);然后单击“Next”按钮进入下一步安装。

④如图 1-7 所示,注意选中第一项“Install for all users”复选框;然后在“Customize install location”(自定义安装位置)文本框中,将安装路径修改为“D:\Python37”(或其他目录名称);最后单击“Install”按钮进入正式安装过程。

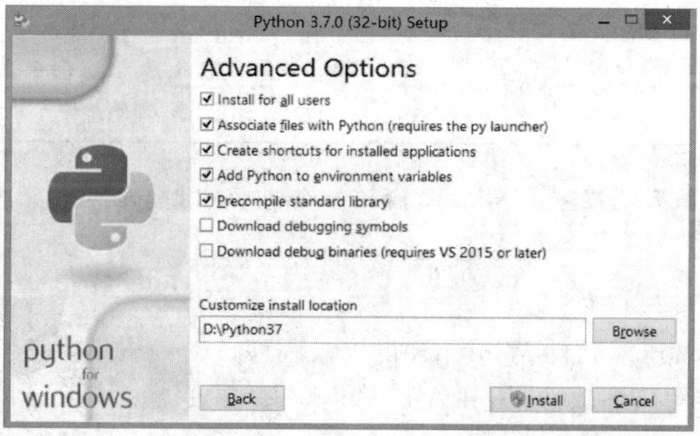

图 1-7　修改 Python 3.7.0 安装目录

⑤如果没有意外,将会出现 Python 安装完毕对话框,关闭对话框即可。

(4)启动和测试 Python

①安装好 Python 后,在“开始”菜单中选择“Python 3.7”→“IDLE(Python 3.7 32-bit)”,单击图标即可启动 Python 解释器 Shell,如图 1-8 所示。

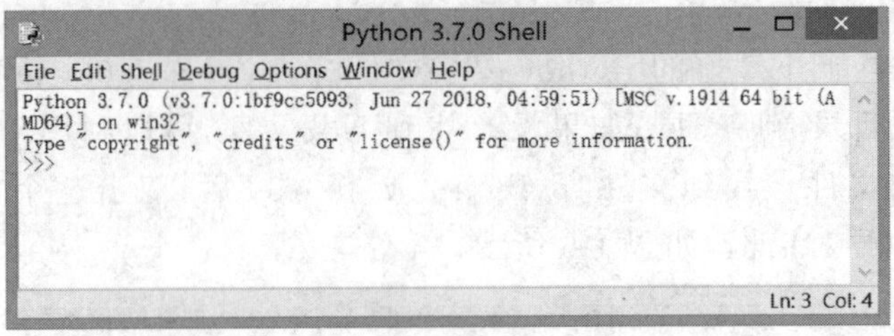
Python 3.7.0 Shell
File Edit Shell Debug Options Window Help
Python 3.7.0 (v3.7.0:1bf9cc5093, Jun 27 2018, 04:59:51) [MSC v.1914 64 bit (AMD64)] on win32
Type "copyright", "credits" or "license()" for more information.
>>>
Ln: 3 Col: 4

图 1-8　Python 图形用户界面 Shell

②在“开始”菜单中选择“Windows 系统”→“命令提示符”，单击图标即可进入 DOS 窗口，在窗口中输入“python”，即可启动 Python 解释器，如图 1-9 所示。在 IDLE(Python 自带简易集成开发环境)和命令行启动界面中，都以“>>>”作为 Python 提示符。可以在提示符后输入 Python 命令或语句。

注意：提示符“>>>”不需要输入。

命令提示符 - python
Microsoft Windows [版本 6.3.9600]
(c) 2013 Microsoft Corporation。保留所有权利。
C:\Users\yjxcs>python
Python 3.7.0 (v3.7.0:1bf9cc5093, Jun 27 2018, 04:59:51) [MSC v.1914 64 bit (AMD64)] on win32
Type "help", "copyright", "credits" or "license" for more information.
>>>
搜狗拼音输入法 全 :

图 1-9　Python 命令行界面

③测试程序。在 Python 命令行中测试 Hello World 命令，内容如下。

```
>>>print('Hello World! 你好,世界!')          # 输入 Python 命令,按 Enter 键执行
Hello World! 你好,世界!                      # 命令运行结果
>>>(1+2)*(8-4)                               # 输入 Python 命令,按 Enter 键执行
12                                           # 命令运行结果
```

注意：在 Python 提示符“>>>”后面输入命令或语句时，命令或语句前面不能有用户输入的空格。

4. 拓展任务

①利用网络下载解压缩软件 WinRAR 的安装程序。

②在 D 盘中安装解压缩软件 WinRAR。

5. 补充阅读

(1)软件安装程序

软件的安装是一种常用的操作，包括应用程序的安装、驱动程序的安装等。绝大部分软件都有一个单独的安装程序，安装程序的文件名大多为“setup”“install”等，安装程序的扩展名大多为“exe”(如“setup.exe”)、“msi”(如“install.msi”)等。大部分软件将全部程序打包成一个压缩文件，这些压缩文件的扩展名为“rar”“zip”“iso”等，用户需要先使用 WinRAR 等软件对这些压缩文件进行解压缩，然后再进行软件安装。

(2)安装中的捆绑软件

安装中需要注意,不能一直直接单击“下一步”按钮,这样很容易安装上捆绑软件(见图 1-10)。应当仔细阅读安装提示,遇到有捆绑软件的情况时,可以取消选中默认安装的复选框。

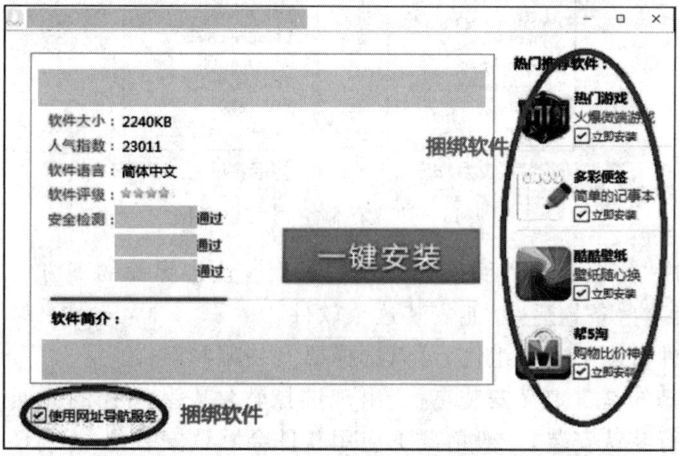

图 1-10　安装过程中遇到捆绑软件示意图

如图 1-10 所示,默认选中式捆绑安装现象普遍存在于互联网。根据中华人民共和国工业和信息化部《规范互联网信息服务市场秩序若干规定》第九条:“互联网信息服务终端软件捆绑其他软件的,应当以显著的方式提示用户,由用户主动选择是否安装或者使用,并提供独立的卸载或者关闭方式,不得附加不合理条件。”目前一些软件普遍采用默认选中的做法,用户安装软件的习惯极易忽略被勾选了的捆绑软件,导致安装一个软件成了安装一堆软件。

(3)软件安装时的安全问题

大多数用户在安装操作系统和应用软件时,通常采用默认安装方式。这样带来了两方面的问题:一是安装了大多数用户不需要的组件和功能;二是默认安装的目录、用户名、密码等,非常容易被黑客利用。

(4)应用软件不要安装在 C 盘中

应用软件一般不要安装在 C 盘中。原因如下:一是安装在 C 盘中容易造成(3)中所述的安全问题;二是应用软件即使没有安装在 C 盘中,也会在 C 盘的“Windows”文件夹中写入动态链接库(DLL),并且将一些软件信息写入 C 盘的注册表内,另外还会在 C 盘建立临时工作目录等,这些操作都会使 C 盘可用存储空间越来越小(见图 1-11);三是 C 盘一般都需要有用于程序运行的虚拟内存或缓存,当 C 盘剩余空间小于 5 GB 时,磁盘文件碎片会越来越多,程序运行速度会明显减慢,很容易导致系统死机。

(5)应用软件安装过程

①文件解压缩。应用软件往往将大量程序压缩成一个软件包,这样可使文件所占空间变小,便于传输和下载。软件安装时,需要对这些压缩的文件进行解压缩,还原成计算机可以读取的文件。压缩包一般都比较小,安装完后占用的硬盘空间往往要比压缩包大 1～2 倍。例如,Python 程序设计语言的安装包“python 3.7.0 32bit.exe”大小为 24.35 MB,软件安装完后,占用的硬盘空间为 50 MB 左右。

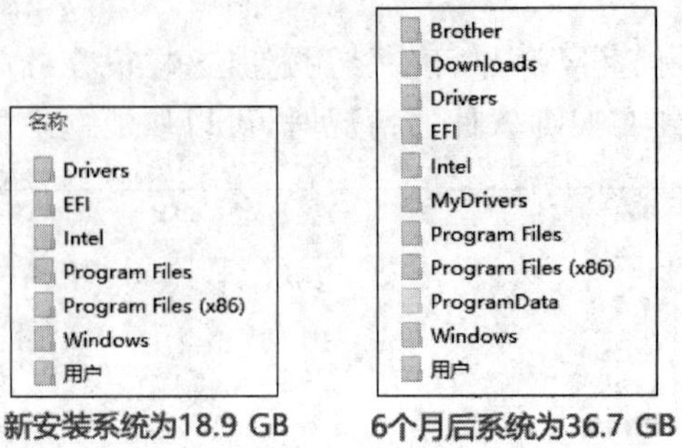

图 1-11　C 盘存储空间大小变化

②运行安装程序“setup. exe”后，会出现欢迎界面。欢迎界面的下方一般会有使用者授权条款，只有选中同意这些条款后，才能安装这个软件。

③一些大型软件有多个安装组件，可以选择要安装哪些组件。

④如果用户选择的是自定义安装，就会出现选择软件安装路径的界面。如果用户一直单击“下一步”按钮进行默认安装，一般情况下应用软件会默认安装到“C:\Program Files\”下。

⑤确认软件安装路径等配置信息，软件开始正式安装。这时安装程序会将应用软件先复制到一个临时目录（这个目录由安装程序决定）下，然后再安装到用户指定的安装目录下，并且将软件的一些信息（如程序安装路径、程序使用的动态链接库等）写入系统注册表中。接下来将软件启动图标写入“开始”菜单并在桌面上建立程序的快捷方式图标，最后有提示安装完成信息。

（6）绿色软件

绿色软件（portable software 或 green software）是指一些小型软件，多数为免费软件，它们的最大特点是软件不用安装便可使用，可存放于闪存中，软件删除后也不会将任何记录（注册表信息等）留在计算机上。相对其他软件来说，绿色软件对系统的影响很小，所以是很友好的一种软件类型。

实验 1-4 应用软件卸载

1. 实验目的

掌握在 Windows 下卸载应用软件的方法。

2. 实验要求

卸载搜狗拼音输入法。

3. 实验步骤

①右击“开始”按钮，或者按 Win＋X 组合键，在弹出的快捷菜单中选择“应用和功能”命令。

②在打开的窗口中浏览已安装的应用程序，单击需要卸载的程序(见图 1-12)，然后单击“卸载”按钮。

③在卸载向导的指引下逐步完成软件的卸载。

图 1-12 “应用和功能”窗口的程序卸载

实验1-5 创建和管理账户

1. 实验目的

①理解 Windows 账户类型。

②掌握 Windows 账户创建和管理方法。

2. 实验要求

检查计算机当前使用的账户的类型，再创建一个本地账户。

3. 实验步骤

(1)检查账户类型

按 Win+I 组合键打开“设置”窗口（见图 1-13），单击“账户”（帐户）图标，打开“账户”窗口，如图 1-14 所示，单击窗口中的各个项目，可以查看或设置相应的账户信息。

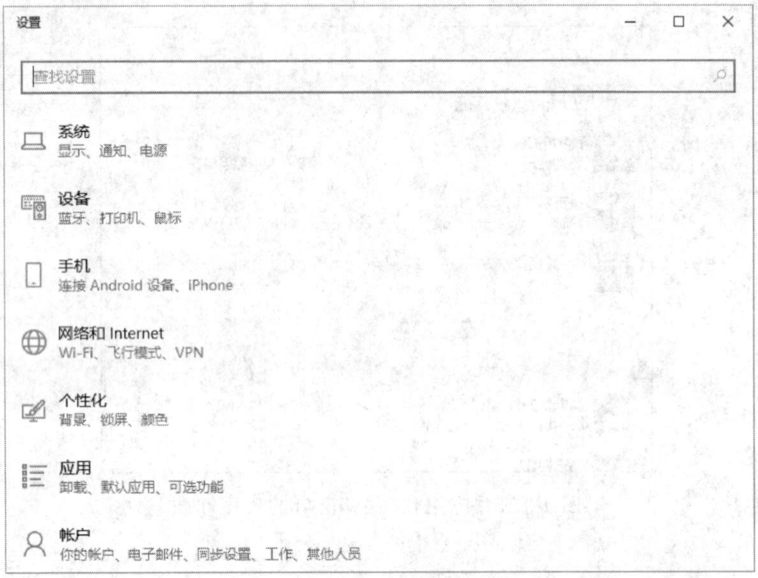

图 1-13 “设置”窗口

(2)创建本地账户

在“账户”窗口中，单击“其他人员”按钮后，打开“其他人员”窗口，如图 1-15 所示。单击“将其他人添加到这台电脑”按钮，打开“添加用户”窗口，如图 1-16 所示。

如图 1-17 所示，单击窗口左边的“用户”，再选择“操作”→“新用户”命令，打开“新用户”对话框，输入用户名、描述、密码、确认密码等信息（注意不要勾选“账户已禁用”复选框），再单击“创建”按钮，这时，新账户就创建好了，最后单击“关闭”按钮关闭对话框。

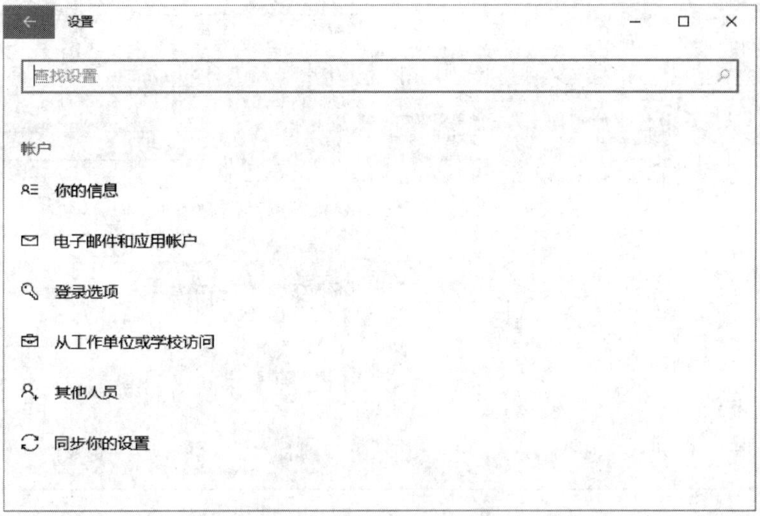

图 1-14　“账户”窗口

图 1-15　“其他人员”窗口

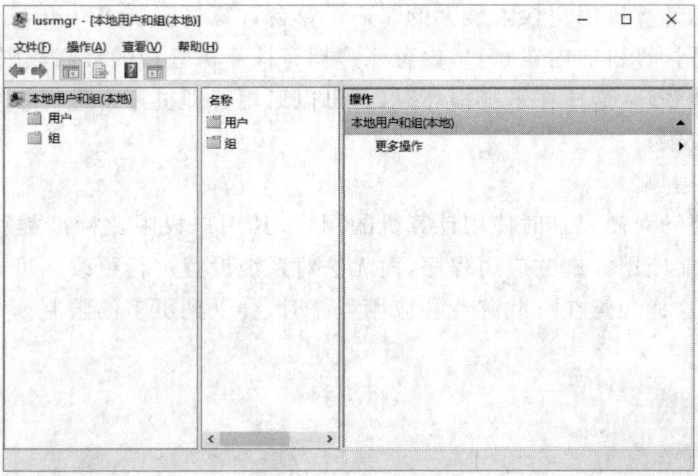

图 1-16　添加用户窗口

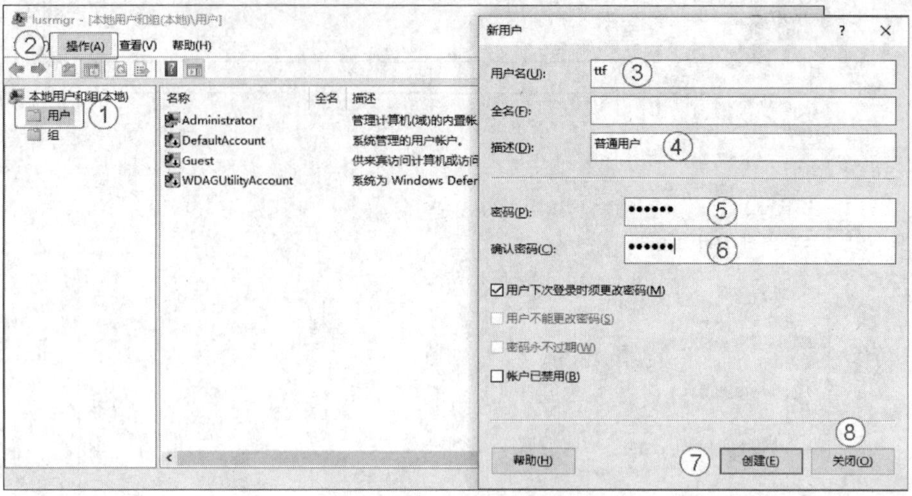

图 1-17　填写账户信息

4. 补充阅读

Windows 10 有 Microsoft 账户、本地账户、管理员账户、来宾账户等类型。

(1)Microsoft 账户

Microsoft 账户是一种不与某个设备绑定的关联账户,可以在任意数量的不同计算机中使用。Microsoft 账户可以在不同计算机上使用相同的系统设置、个性化桌面、密码、语言、使用喜好、应用程序设置、浏览器历史记录等。只有登录了 Microsoft 账户,才能使用 Microsoft 应用商店的功能。如果丢失或忘记了 Microsoft 账户密码,可以从任何其他具有互联网连接的计算机中找回密码。

(2)本地账户

本地账户是为特定计算机创建的账户。本地账户创建或存储的信息与该计算机绑定,无法从其他计算机访问本地账户。如果丢失或忘记了本地账户的密码,则需要进行密码破解;也可以重新安装 Windows 系统,但这样可能使计算机中存储的数据丢失。

(3)管理员(Administrator)账户

管理员账户是计算机用户权限最大的账户。每台计算机安装 Windows 系统后,系统都会自动新建一个管理计算机的内置账户,内置账户拥有计算机管理的最高权限。Windows 10 下一般都有一个本地账户,这样在系统损坏时,还可以启用管理员账户进行修复。也可以为本地账户添加管理员权限。

(4)来宾(Guest)账户

来宾账户主要针对需要临时使用计算机的用户,其用户权限比标准类型的账户的权限受到更多的限制,只能使用常规的应用程序,而无法对系统设置进行更改。可以为家里的儿童设置一个来宾账户,这样儿童在下载游戏和应用程序时,会受到更多的限制。

实验1-6 清理垃圾文件

1. 实验目的

掌握清理垃圾文件的方法。

2. 实验要求

对操作系统所在磁盘分区进行垃圾文件清理。

3. 实验步骤

计算机在使用过程中，会产生一些垃圾文件，如系统下载的升级文件、Internet 临时文件、Windows 临时文件等。这些垃圾文件会占用大量磁盘空间，需要定时进行清理，以免影响系统的运行速度。

双击桌面上的“此电脑”图标，在窗口中选择需要进行垃圾文件清理的磁盘盘符，如单击 C 盘，右击，在弹出的快捷菜单中选择“属性”命令，打开“属性”对话框[见图 1-18(a)]。单击“磁盘清理”按钮，在打开的对话框中选中需要清理的项目[见图 1-18(b)]，最后单击“确定”按钮进行磁盘垃圾文件清理。

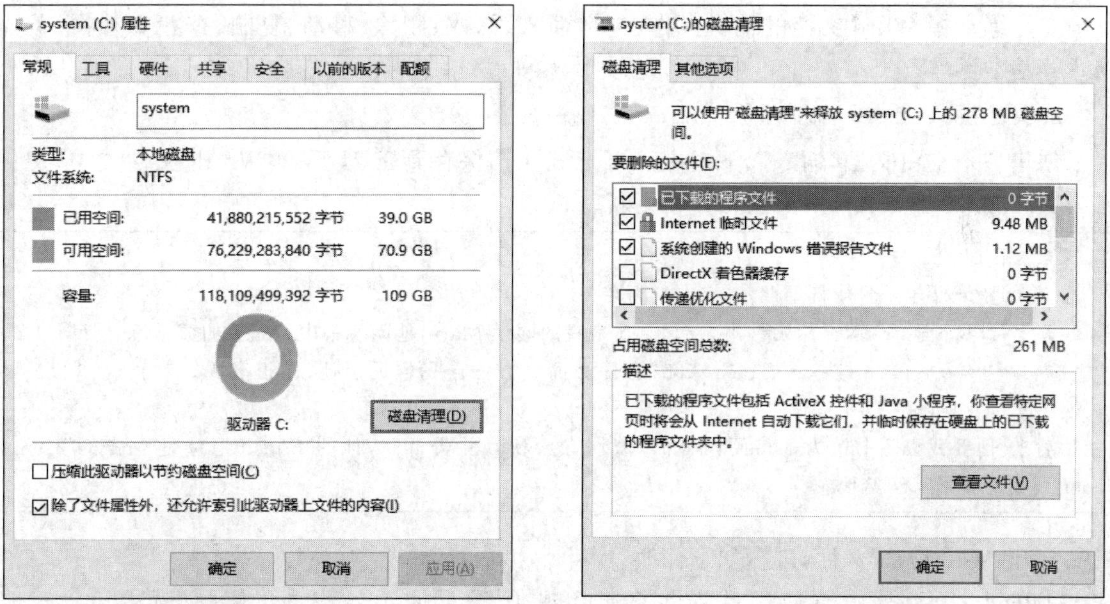

(a)“属性”对话框　　(b)“磁盘清理”对话框

图 1-18　磁盘清理

第 2 章

Word 文字处理实验

实验 2-1 文本输入和编辑

1. 实验目的

①掌握 Word 的启动和退出，熟悉 Word 的界面。

②熟练掌握 Word 文档的创建、输入、保存、保护和打开操作。

③熟练掌握 Word 文档的编辑操作，包括插入、修改、删除、移动、复制、查找和替换、英文校对等基本操作。

2. 实验要求

创建一个空白文档，输入以下内容。再把该文档保存到 E 盘下的“Word”文件夹中，文件名为“W1. docx”，要求日期设置为自动更新。

> 点点日记
>
> 今天是 2022 年 1 月 4 日星期二，室内气温在 15 ℃～17 ℃。
>
> 晚上✍，我正在看🕮，突然☎铃声响起，原来是我的同学 Mary，他问我书中第Ⅷ页的数学题，“计算 1×2＋2×4＋3×6＋4×8＋……＋100×200”有什么简便方法。我告诉了他，他很高兴。对我说：“Thank you! My best friend!”
>
> 后来，他要我去图书馆为他借阅巴金的《家》《春》《秋》，并告诉我，他的 E-mail 地址是 Mary@21cn.com，要我借到后写🖃给他。

打开“W1. docx”文件，进行如下修改。

①在正文第 2 段中的文字“我告诉了他，”的“他”之后插入文字“我的解题思路”。

②将正文第 3 段中的文字“并告诉我，”中的“并”改为“他”。

③删除正文第 3 段中的文字“《春》《秋》”。

④将正文第 2 段中的文字“他问我书中第Ⅷ页的数学题，……”中的“数学”复制到“我”和“书”之间。

⑤将正文第 3 段中的文字“他告诉我，他的 E-mail 地址是 Mary@21cn. com，”移动到文字“后来，”之后。

⑥将文中所有的文字“他”替换为“她”。

⑦将正文第 2 段和第 3 段合并成一段。

⑧检查文中的英文单词是否有拼写错误，有则改正。

⑨将最后一段内容删除，再将其恢复。

⑩为使其他应用程序能读取文件，将文件另存为纯文本文件“T1. txt”。

3. 实验步骤

(1)新建文件夹

进入 E 盘文件夹窗口，在空白处右击。在弹出的快捷菜单中，选择“新建”→“文件夹”命令，输入文件夹名“Word”，按 Enter 键。

(2)输入文本

双击桌面上的“Word 2016”快捷方式图标，启动 Word 2016，进入 Word 2016 的工作界面。单击输入法图标，选择自己熟悉的输入法，在文档编辑区输入正文。输入文字一般在插入状态下进行，此时状态栏中显示“插入”，如果不是，可以单击“改写”或按 Insert 键进行切换。

注意：在输入中文时，键盘要处于小写字母输入状态。文档中的英文字母、数字和小数点在英文状态下输入。

以下两种内容的输入方法比较特殊。

①日期。

单击“插入”选项卡的“文本”组中的“日期和时间”按钮，打开“日期和时间”对话框。在“语言(国家/地区)”下拉列表中选择“中文(中国)”，在“可用格式”列表框中选择需要的格式，并选中“自动更新”复选框，单击“确定”按钮。

②符号。

输入“℃、Ⅷ、×”。可以使用软键盘，不同输入法下软键盘的使用方法不同。以搜狗拼音输入法为例，右击输入法状态栏上的“输入方式”按钮，在弹出的快捷菜单中分别选择“特殊符号”“数字序号”“数学符号”命令，然后在出现的软键盘中单击相应的符号即可。

输入“✍、🕮、☎、🖃”。单击“插入”选项卡的“符号”组中的“符号”下拉按钮，在下拉菜单中选择“其他符号”命令打开“符号”对话框，在“字体”下拉列表中选择“Wingdings”，然后在下方的列表框中选择需要的符号，单击“插入”按钮，最后单击“关闭”按钮。

(3)保存文档

单击“文件”按钮，在菜单中选择“保存”命令，在“另存为”界面中单击“浏览”按钮，打开“另存为”对话框，在地址栏中选择或输入“E:\Word”，在“保存类型”下拉列表中选择“Word 文档(*. docx)”，在“文件名”下拉组合框中输入文件名“W1”，单击“保存”按钮，然后关闭该文档。

(4)编辑文档

打开“W1. docx”文件，对文档进行编辑修改。

①在插入状态下，将光标移到“我告诉了他，”的“他”后面，输入“我的解题思路”。

②选中“并”，按 Delete 键，输入“他”。

③选中“《春》《秋》”，按 Delete 键。

④选中“数学”，右击，在弹出的快捷菜单中选择“复制”命令，将光标移到文字“我”和“书”之间，按 Ctrl+V 组合键。也可以使用按住 Ctrl 键的同时拖曳鼠标的快捷方法。

⑤选中“他告诉我，他的 E-mail 地址是 Mary@21cn. com，”，右击，在弹出的快捷菜单中选

择“剪切”命令。将光标移到“后来，”之后，右击，在弹出的快捷菜单中选择“粘贴选项”中的“保留源格式”命令。也可以使用鼠标拖曳的方法。

⑥单击“开始”选项卡的“编辑”组中的“替换”按钮，打开“查找和替换”对话框。在“查找内容”下拉列表框中输入“他”，在“替换为”下拉列表框中输入“她”，单击“全部替换”按钮，在弹出的对话框中单击“确定”按钮，再关闭“查找和替换”对话框。

⑦将光标移到第2段的段落标记前(如果看不到段落标记，单击“开始”选项卡的“段落”组中的“显示/隐藏编辑标记”按钮)，然后按 Delete 键。

⑧单击“审阅”选项卡的“校对”组中的“拼写和语法”按钮，进行语法和拼写检查。如果有错误，在“语法”或“拼写检查”任务窗格中更改。

⑨选中最后一段，按 Delete 键删除，再单击快速访问工具栏中的“撤销”按钮撤销刚才的操作。

⑩单击“文件”按钮，在菜单中选择“另存为”命令，在“另存为”界面中单击“浏览”按钮，打开“另存为”对话框，在地址栏中选择或输入“E:\Word”，在“保存类型”下拉列表中选择“纯文本(*.txt)”，在“文件名”下拉组合框中输入文件名“T1”，单击“保存”按钮。在随后出现的“文件转换”对话框中，单击“确定”按钮。

4. 拓展任务1：文本输入

创建一个空白文档，输入以下内容(输入时应注意中文和英文的状态切换、全角和半角的状态切换、标点符号等)，并以“W2.docx”为文件名保存在“E:\Word”下，然后关闭该文档。

> 在 Intel Developer Forum(英特尔开发者论坛)上，微软主席 Jim Allchin 宣布，６４位的 Windows 桌面版本将在4月初发布，其服务器版则在4月底推出。Allchin 表示，公司把近期目标锁定为６４位系统，并鼓励广大开发者开始改善他们的程序，以发挥额外的处理优势。上个月，微软发布了６４位 OS 的第二个候选版，并且承诺将在6月底发布最终版本。其实６４位 Windows XP 和 Windows Server ２００３让大家一直望穿秋水，特别是 CPU 芯片商 AMD，它在两年前就已经推出６４位的服务芯片。

5. 拓展任务2：文本编辑和修改

创建一个空白文档，输入以下内容，并以“W3.docx”为文件名保存在“E:\Word”下，然后关闭该文档。

> 有人曾笑着说：“中国有两港——花港，香港。”由“花”而联想到“香”，这是很自然的。“花港观鱼”这古老的名胜，如今更是名副其实。四时如锦的花，碧波粼粼的港，招之即来的鱼，都是令人喜爱的。除此之外，漫步河塘柳岸，散步草坪林荫，或登亭台楼榭眺望远山近水，或傍湖边长椅欣赏六桥烟柳，也是使人心旷神怡。

打开“W3.docx”文件，进行如下编辑操作。

①在文本的最前面插入一行标题“花港观鱼”。

②将“有人曾笑着说”的“笑着”两个字删除。把文中的“由‘花’而联想到‘香’”改为：“由于中国几千年的欣赏习惯，从远自《诗经》近到当今最流行的歌曲中，都可以看到，人们总是喜欢看到‘花’而联想到‘香’”。

③将“漫步河塘柳岸”和“散步草坪林荫”互换位置。

④将文中的两段合并成一段；在“如今更是名副其实。”后另起一段。

⑤将所有的“港”替换为“Gang”。

⑥分别以页面视图、阅读视图、Web版式视图等不同视图方式显示文档，观察各个视图方式的显示特点。

修改结果如下。

花Gang观鱼 有人曾说：“中国有两Gang——花Gang，香Gang。”由于中国几千年的欣赏习惯，从远自《诗经》近到当今最流行的歌曲中，都可以看到，人们总是喜欢看到“花”而联想到“香”。这是很自然的。“花Gang观鱼”这古老的名胜，如今更是名副其实。 四时如锦的花，碧波粼粼的Gang，招之即来的鱼，都是令人喜爱的。除此之外，散步草坪林荫，漫步河塘柳岸，或登亭台楼榭眺望远山近水，或傍湖边长椅欣赏六桥烟柳，也是使人心旷神怡。

实验 2-2　设置文档密码

1. 实验目的

①掌握 Word 的自动保存功能。

②掌握 Word 的密码保护功能。

2. 实验要求

创建一个空白文档，设置自动保存时间间隔为 5 min，插入“W1. docx”文件的内容，并将本文档保存为“W4. docx”文件，设置打开密码为“123”，修改密码为“456”。

3. 实验步骤

①单击“文件”按钮，在菜单中选择“新建”命令，单击“空白文档”按钮。

②单击“文件”按钮，在菜单中选择“选项”命令，打开“Word 选项”对话框。在对话框左侧选择“保存”标签，设置“保存自动恢复信息时间间隔”为 5 min，单击“确定”按钮。

③单击“插入”选项卡的“文本”组中的“对象”下拉按钮，在下拉菜单中选择“文件中的文字”命令，打开“插入文件”对话框，在地址栏中选择或输入“E:\Word”，选择“W1. docx”文件，单击“插入”按钮。

④单击“文件”按钮，在菜单中选择“另存为”命令，在“另存为”界面中单击“浏览”按钮，打开“另存为”对话框，在地址栏中选择或输入“E:\Word”，在“保存类型”下拉列表框中选择“Word 文档（*. docx）”，在“文件名”下拉组合框中输入文件名“W4”。单击对话框中的“工具”下拉按钮，在下拉菜单中选择“常规选项”命令，打开“常规选项”对话框。在“打开文件时的密码”文本框中输入“123”，在“修改文件时的密码”文本框中输入“456”，单击“确定”按钮。在随后弹出的“确认密码”对话框中分别再次输入密码并单击“确定”按钮，最后单击“保存”按钮。

注意：有些操作的实现方法有多种，或使用菜单命令，或使用功能区的相应按钮，或按快捷键，任选其中一种方法即可。

4. 拓展任务 1：设置文档密码

①打开“W3. docx”文件，将其在“E:\Word”下另存为“W5. docx”文件，并设置打开密码为“AAA”，修改密码为“BBB”。

②创建一个空白文档，设置自动保存时间间隔为 8 min，插入“W5. docx”文件的内容。根据 Word 提供的字数统计功能，记录并在 Word 文档中输入以下数据：字数、字符数（不计空格）、段落数，然后以“W6. docx”为文件名将文档保存在“E:\Word”下。

③为使其他应用程序（如记事本）能读取“W5. docx”文件，打开“W5. docx”文件，把它另存为“E:\Word”下的“T2. txt”文件。

5. 拓展任务 2：自选题材文本编辑

搜集自己喜欢的题材（如人生感悟、体育和音乐新闻等的文本），输入 Word 文档中并保存，尽量用到所学的文档输入和编辑知识。

实验 2-3 文档版面编排

1. 实验目的

①熟练掌握 Word 文档的字符排版。

②熟练掌握 Word 文档的段落排版。

③熟练掌握 Word 文档的页面排版。

2. 实验要求

文档最终排版效果如图 2-1 所示。

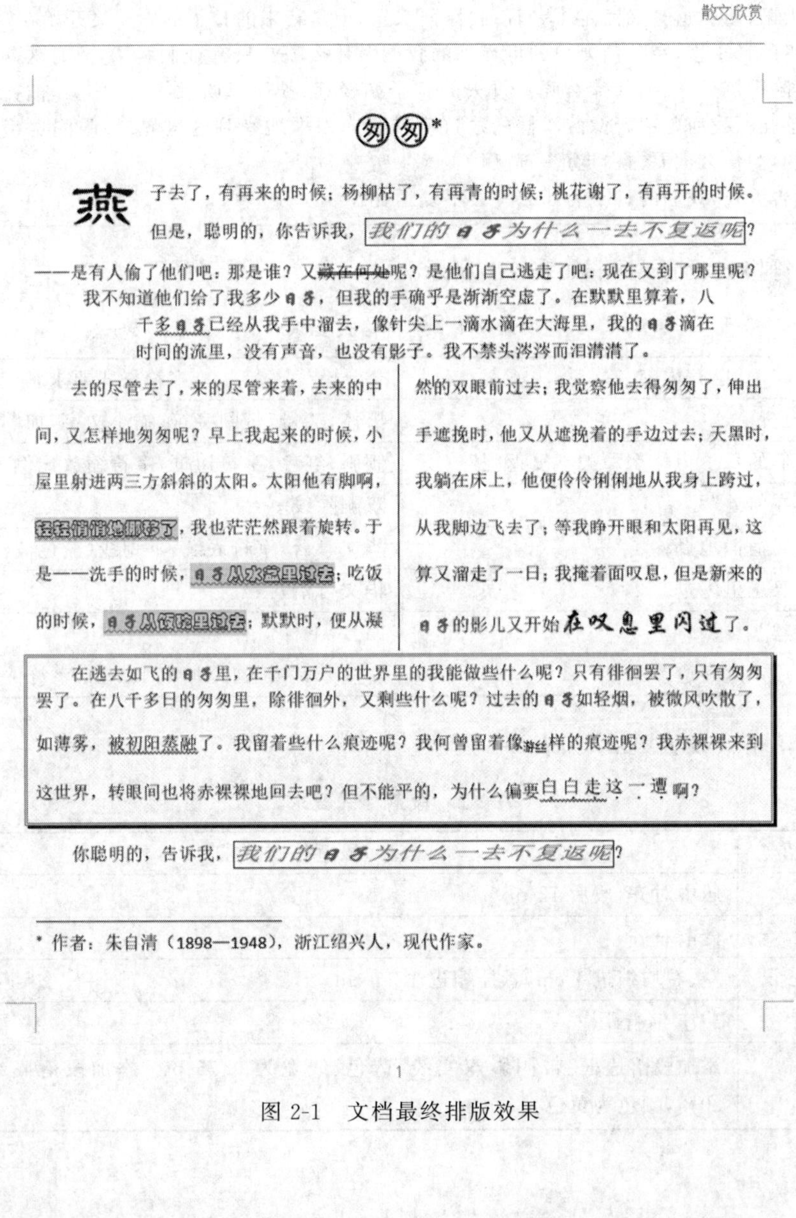

散文欣赏

匆匆*

燕子去了，有再来的时候；杨柳枯了，有再青的时候；桃花谢了，有再开的时候。但是，聪明的，你告诉我，我们的日子为什么一去不复返呢？——是有人偷了他们吧：那是谁？又藏在何处呢？是他们自己逃走了吧：现在又到了哪里呢？

我不知道他们给了我多少日子，但我的手确乎是渐渐空虚了。在默默里算着，八千多日子已经从我手中溜去，像针尖上一滴水滴在大海里，我的日子滴在时间的流里，没有声音，也没有影子。我不禁头涔涔而泪潸潸了。

去的尽管去了，来的尽管来着，去来的中间，又怎样地匆匆呢？早上我起来的时候，小屋里射进两三方斜斜的太阳。太阳他有脚啊，轻轻悄悄地挪移了，我也茫茫然跟着旋转。于是——洗手的时候，日子从水盆里过去；吃饭的时候，日子从饭碗里过去；默默时，便从凝然的双眼前过去；我觉察他去得匆匆了，伸出手遮挽时，他又从遮挽着的手边过去；天黑时，我躺在床上，他便伶伶俐俐地从我身上跨过，从我脚边飞去了；等我睁开眼和太阳再见，这算又溜走了一日；我掩着面叹息，但是新来的日子的影儿又开始在叹息里闪过了。

在逃去如飞的日子里，在千门万户的世界里的我能做些什么呢？只有徘徊罢了，只有匆匆罢了。在八千多日的匆匆里，除徘徊外，又剩些什么呢？过去的日子如轻烟，被微风吹散了，如薄雾，被初阳蒸融了。我留着些什么痕迹呢？我何曾留着像游丝样的痕迹呢？我赤裸裸来到这世界，转眼间也将赤裸裸地回去吧？但不能平的，为什么偏要白白走这一遭啊？

你聪明的，告诉我，我们的日子为什么一去不复返呢？

* 作者：朱自清（1898—1948），浙江绍兴人，现代作家。

1

图 2-1　文档最终排版效果

①创建一个空白文档，输入以下内容，并保存在E盘下的“Word”文件夹中，文件名为“W7. docx”。

> 匆匆
>
> 燕子去了，有再来的时候；杨柳枯了，有再青的时候；桃花谢了，有再开的时候。但是，聪明的，你告诉我，我们的日子为什么一去不复返呢？——是有人偷了它们吧。那是谁？又藏在何处呢？是它们自己逃走了吧。现在又到了哪里呢？
>
> 我不知道他们给了我多少日子，但我的手确乎是渐渐空虚了。在默默里算着，八千多日子已经从我手中溜去，像针尖上一滴水滴在大海里，我的日子滴在时间的流里，没有声音，也没有影子。我不禁头涔涔而泪潸潸了。
>
> 去的尽管去了，来的尽管来着，去来的中间，又怎样地匆匆呢？早上我起来的时候，小屋里射进两三方斜斜的太阳。太阳他有脚啊，轻轻悄悄地挪移了，我也茫茫然跟着旋转。于是——洗手的时候，日子从水盆里过去，吃饭的时候，日子从饭碗里过去；默默地，便从凝然的双眼前过去。我觉察他去得匆匆了，伸出手遮挽时，他又从遮挽的手边过去；天黑时，我躺在床上，他便伶伶俐俐地从我身上跨过，从我脚边飞去了；等我睁开眼和太阳再见，这算又溜走了一日；我掩面叹息，但是新来的日子的影儿又开始在叹息里闪过了。
>
> 在逃去如飞的日子里，在千门万户的世界里的我能做什么呢？只有徘徊罢了，只有匆匆罢了。在八千多日的匆匆里，除徘徊外，又剩些什么呢？过去的日子如轻烟，被微风吹散了，如薄雾，被初阳蒸融了。我留着些什么痕迹呢？我何曾留着像游丝样的痕迹呢？我赤裸裸地来到这世界，转眼间也将赤裸裸地回去吧？但不能平的，为什么偏要白白走这一遭啊？
>
> 你聪明的，告诉我，我们的日子为什么一去不复返呢？

②进行字符格式设置，要求如表2-1所示。

表2-1　字符格式要求

字符内容	字符格式要求
标题“匆匆”	黑体，二号，带圈字符（缩小文字，加圆圈）
正文第1段“我们的日子为什么一去不复返呢”	倾斜，红色，字符边框，字符缩放比例为150%
正文第1段“藏在何处”	双删除线
正文第3段“轻轻悄悄地挪移了”	华文彩云，字符底纹，下划线（蓝色波浪线）
正文第3段“在叹息里闪过”	华文行楷，三号
正文第4段“游丝”	四号，下标
正文第4段“白白走这一遭”	着重号，字符间距加宽1.2 pt，字符位置提升3 pt

③进行段落格式设置，要求如表2-2所示。

表2-2　段落格式要求

应选择的段落	段落格式要求
标题	居中对齐，段后12 pt
正文第1段	分散对齐
正文第2段	左、右均缩进1 cm，悬挂缩进1.11 cm
正文第3段	1.75倍行距
正文第4段	添加段落边框：带阴影双实线、蓝色、线宽为0.75 pt。添加段落底纹：图案（样式20%，颜色为黄色）

④使用格式刷复制格式,要求如表 2-3 所示。

表 2-3 复制格式要求

样板文字或段落	目标文字或段落
正文第 1 段“我们的日子为什么一去不复返呢”	正文第 5 段“我们的日子为什么一去不复返呢”
正文第 3 段段落标记符“↵ ”	正文第 5 段段落标记符“↵ ”
正文第 3 段中“轻轻悄悄地挪移了”	正文第 3 段“日子从水盆里过去”及“日子从饭碗里过去”

⑤使用替换功能替换格式,要求如表 2-4 所示。

表 2-4 替换格式要求

字符内容	格式要求
全文中所有“日子”	华文行楷、蓝色、加粗

⑥进行页面格式设置,要求如表 2-5 所示。

表 2-5 页面格式要求

选择内容	页面格式要求
正文第 1 段中的第 1 个字“燕”	首字下沉两行,字体设置为“隶书”,距正文 0.3 cm
正文第 3 段	分为等宽的两栏,栏宽为 7 cm,栏间加分隔线
全文	设置页眉“散文欣赏”,右对齐
全文	在页面底端(页脚)以居中对齐方式插入页码,并将初始页码设置为全角字符“1”
标题“匆匆”	为文字“匆匆”插入尾注:引用标记为“*”;内容为“作者:朱自清(1898—1948),浙江绍兴人,现代作家。”
全文	将文档页面的纸张大小设置为“A4”,左、右边界均为 3 cm,上边界为 4 cm,下边界为 5 cm

3. 实验步骤

(1)创建文档

启动 Word 2016,进入 Word 2016 窗口,输入要求的文字内容。

单击“文件”按钮,在菜单中选择“保存”命令,在“另存为”界面中单击“浏览”按钮,打开“另存为”对话框,在地址栏中选择或输入“E:\Word”,在“文件名”下拉组合框中输入文件名“W7”,在“保存类型”下拉列表中选择“Word 文档(*.docx)”,单击“保存”按钮。

(2)字符格式设置

选中标题“匆匆”,在“开始”选项卡的“字体”组中,单击“字体”下拉列表框的下拉按钮,在下拉列表中选择“黑体”;单击“字号”下拉列表框的下拉按钮,在下拉列表中选择“二号”;单击“带圈字符”按钮,打开“带圈字符”对话框,样式选择“缩小文字”,圈号选择“○”,单击“确定”按钮。

选中正文第 1 段中的“我们的日子为什么一去不复返呢”，在“开始”选项卡的“字体”组中，单击“倾斜”按钮；单击“字体颜色”下拉按钮，在下拉菜单中选择“红色”；单击“字符边框”按钮。在“开始”选项卡的“段落”组中单击“中文版式”下拉按钮，在下拉菜单中选择“字符缩放”→“150%”。

选中正文第 1 段中的“藏在何处”，单击“开始”选项卡的“字体”组右下角的对话框启动器，打开“字体”对话框，在“字体”选项卡的“效果”栏中选中“双删除线”复选框，单击“确定”按钮。

选中正文第 3 段中的“轻轻悄悄地挪移了”，单击“开始”选项卡的“字体”组右下角的对话框启动器，打开“字体”对话框，在“中文字体”下拉列表中选择“华文彩云”；在“下划线线型”下拉列表中选择波浪线“~~~~”；在“下划线颜色”下拉菜单中选择“蓝色”，单击“确定”按钮。单击“字体”组中的“字符底纹”按钮。

选中正文第 3 段中的“在叹息里闪过”，单击“开始”选项卡的“字体”组右下角的对话框启动器，打开“字体”对话框，在“中文字体”下拉列表中选择“华文行楷”；选择“字号”为“三号”，单击“确定”按钮。

选中正文第 4 段中的“游丝”，在“开始”选项卡的“字体”组中，选择“字号”为“四号”；单击“下标”按钮。

选中正文第 4 段中的“白白走这一遭”，单击“开始”选项卡的“字体”组右下角的对话框启动器，打开“字体”对话框，在“字体”选项卡的“着重号”下拉列表框中选择“·”；再切换至“高级”选项卡，在“间距”下拉列表中选择“加宽”，在旁边的“磅值”微调框中选择或输入“1.2 磅”，在“位置”下拉列表中选择“提升”，在旁边的“磅值”微调框中选择或输入“3 磅”，单击“确定”按钮。

(3)段落格式设置

选中标题“匆匆”，单击“开始”选项卡的“段落”组右下角的对话框启动器，打开“段落”对话框，在“常规”栏的“对齐方式”下拉列表中选择“居中”，在“间距”栏的“段后”微调框中选择或输入“12 磅”，单击“确定”按钮。

选中正文第 1 段，单击“开始”选项卡的“段落”组右下角的对话框启动器，打开“段落”对话框，在“对齐方式”下拉列表中选择“分散对齐”，单击“确定”按钮。

选中正文第 2 段，单击“开始”选项卡的“段落”组右下角的对话框启动器，打开“段落”对话框，在“缩进”栏的“左侧”“右侧”微调框中均选择或输入“1 厘米”，在“特殊格式”下拉列表中选择“悬挂缩进”，并在旁边的“缩进值”微调框中选择或输入“1.11 厘米”，单击“确定”按钮。

选中正文第 3 段，单击“开始”选项卡的“段落”组右下角的对话框启动器，打开“段落”对话框，在“行距”下拉列表中选择“多倍行距”，在旁边的“设置值”微调框中选择或输入“1.75”，单击“确定”按钮。

选中正文第 4 段，单击“开始”选项卡的“段落”组中的“边框”下拉按钮，在下拉菜单中选择“边框和底纹”命令，打开“边框和底纹”对话框，在“设置”栏中选择“阴影”，在“样式”列表中选择“双实线”，在“颜色”下拉列表中选择“蓝色”，在“宽度”下拉列表中选择“0.75 磅”；切换至“底纹”选项卡，在“样式”下拉列表中选择“▨ 20%”，在“颜色”下拉列表中选择“黄色”，单击“确定”按钮。

注意：如果系统自动提供的单位与题目要求不符，不建议直接输入单位，应通过单击“文件”按钮，在菜单中选择“选项”命令，打开“Word 选项”对话框，然后单击“高级”标签，在“显示”栏中进行度量单位的设置。一般情况下，如果“度量单位”选择为“厘米”，“以字符宽度为度量单位”复选框也被选中，则默认的缩进单位为“字符”，对应的段落间距和行距单位为“行”；如果取消选中“以字符宽度为度量单位”复选框，则默认的缩进单位为“厘米”，对应的段落间距和行距单位为“磅”。

(4)使用格式刷复制格式

选中正文第1段中的“我们的日子为什么一去不复返呢”，单击“开始”选项卡的“剪贴板”组的“格式刷”按钮，然后拖曳选中正文第5段中的“我们的日子为什么一去不复返呢”。

选中正文第3段段落标记符“↵”，单击“开始”选项卡的“剪贴板”组的“格式刷”按钮，然后拖曳选中正文第5段段落标记符“↵”。

选中正文第3段中的“轻轻悄悄地挪移了”，双击“开始”选项卡的“剪贴板”组的“格式刷”按钮，然后拖曳选中正文第3段“日子从水盆里过去”及“日子从饭碗里过去”。最后单击“格式刷”按钮。

(5)使用替换功能替换格式

单击“开始”选项卡的“编辑”组的“替换”按钮，打开“查找和替换”对话框。在“查找内容”下拉组合框中输入“日子”，在“替换为”下拉组合框中也输入“日子”，单击“更多”按钮，将光标置于“替换为”下拉组合框，再单击“格式”按钮，在下拉菜单中选择“字体”命令，打开“替换字体”对话框。在“字体”选项卡中设置“中文字体”为“华文行楷”，“字体颜色”为“蓝色”，“字形”为“加粗”，单击“确定”按钮，单击“全部替换”按钮。确认全部替换后，关闭“查找和替换”对话框。

(6)页面格式设置

选中正文第1段中的第1个字“燕”，单击“插入”选项卡的“文本”组的“首字下沉”下拉按钮，在下拉菜单中选择“首字下沉选项”命令，打开“首字下沉”对话框，在“位置”栏中选择“下沉”，在“选项”栏的“字体”下拉列表框中选择“隶书”，在“下沉行数”数值框中选择或输入“2”，在“距正文”微调框中选择或输入“0.3厘米”，单击“确定”按钮。

选中正文第3段，单击“布局”选项卡的“页面设置”组的“分栏”下拉按钮，在下拉菜单中选择“更多分栏”命令，打开“分栏”对话框，在“预设”栏中选择“两栏”，在“宽度”微调框中选择或输入“7厘米”，选中“分隔线”复选框，单击“确定”按钮。

将光标置于文中，单击“插入”选项卡的“页眉和页脚”组的“页眉”下拉按钮，在下拉菜单中选择“空白”样式，在页眉编辑区输入文字“散文欣赏”，并单击“开始”选项卡的“段落”组的“右对齐”按钮，双击正文区域完成设置。

将光标置于文中，单击“插入”选项卡的“页眉和页脚”组的“页码”下拉按钮，在下拉菜单中选择“页面底端”→“简单-普通数字2”样式；在“页眉和页脚工具-设计”选项卡的“页眉和页脚”组中，单击“页码”下拉按钮，在下拉菜单中选择“设置页码格式”命令，打开“页码格式”对话框，在“编号格式”下拉列表中选择“全角…”，在“起始页码”微调框中选择或输入“1”，单击“确定”按钮。在“关闭”组中单击“关闭页眉和页脚”按钮。

选中标题“匆匆”，单击“引用”选项卡的“脚注”组右下角的对话框启动器，打开“脚注和尾注”对话框。选中“尾注”单选按钮，再单击“自定义标记”文本框旁边的“符号”按钮，打开“符号”对话框，选择符号“*”，单击“确定”按钮，单击“插入”按钮，在尾注输入区中输入“作者：朱自清(1898—1948)，浙江绍兴人，现代作家。”。

将光标置于文中，单击“布局”选项卡的“页面设置”组右下角的对话框启动器，打开“页面设置”对话框，切换至“页边距”选项卡，在“左”“右”微调框中均选择或输入“3 厘米”，在“上”微调框中选择或输入“4 厘米”，在“下”微调框中选择或输入“5 厘米”；切换至“纸张”选项卡，在“纸张大小”下拉列表中选择“A4”，单击“确定”按钮。最后保存文档。

注意：在本实验中，在“页面设置”对话框中进行设置时，要确认每个选项卡的“应用于”均为整篇文档。

4. 拓展任务：文本版面编排

①创建一个空白文档，输入下面内容，并以“W8.docx”为文件名保存在“E:\Word”下。

春

盼望着，盼望着，东风来了，春天的脚步近了。

一切都像刚睡醒的样子，欣欣然张开了眼。山朗润起来了，水涨起来了，太阳的脸红起来了。

小草偷偷地从土里钻出来，嫩嫩的，绿绿的。园子里，田野里，瞧去，一大片一大片满是的。坐着，躺着，打两个滚，踢几脚球，赛几趟跑，捉几回迷藏。风轻悄悄的，草软绵绵的。

桃树、杏树、梨树，你不让我，我不让你，都开满了花赶趟儿。红的像火，粉的像霞，白的像雪。花里带着甜味儿；闭了眼，树上仿佛已经满是桃儿、杏儿、梨儿。花下成千成百的蜜蜂嗡嗡地闹着，大小的蝴蝶飞来飞去。野花遍地是：杂样儿，有名字的，没名字的，散在草丛里，像眼睛，像星星，还眨呀眨的。

“吹面不寒杨柳风”，不错的，像母亲的手抚摸着你。风里带来些新翻的泥土的气息，混着青草味儿，还有各种花的香，都在微微润湿的空气里酝酿。鸟儿将窠巢安在繁花嫩叶当中，高兴起来了，呼朋引伴地卖弄清脆的喉咙，唱出宛转的曲子，与轻风流水应和着。牛背上牧童的短笛，这时候也成天在嘹亮地响。

雨是最寻常的，一下就是三两天。可别恼，看，像牛毛，像花针，像细丝，密密地斜织着，人家屋顶上全笼着一层薄烟。树叶子却绿得发亮，小草也青得逼你的眼。傍晚时候，上灯了，一点点黄晕的光，烘托出一片安静而和平的夜。乡下去，小路上，石桥边，有撑起伞慢慢走着的人；还有地里工作的农夫，披着蓑，戴着笠的。他们的草屋，稀稀疏疏的，在雨里静默着。

天上风筝渐渐多了，地上孩子也多了。城里乡下，家家户户，老老小小，他们也赶趟儿似的，一个个都出来了。舒活舒活筋骨，抖擞抖擞精神，各做各的一份事去。“一年之计在于春”，刚起头儿，有的是工夫，有的是希望。

春天像刚落地的娃娃，从头到脚都是新的，他生长着。

春天像小姑娘，花枝招展的，笑着，走着。

春天像健壮的青年，有铁一般的胳膊和腰脚，他领着我们上前去。

②打开“W8.docx”文件，将标题“春”设置为小二、蓝色、楷体、加粗、居中，加菱形圈号（增大圈号），并添加黄色文字底纹、绿色文字阴影边框，框线宽度为 1.5 pt。将正文各段的段后间距均设置为 8 pt。

③将正文第 1 段中文字的字符间距设置为加宽 3 pt，段前间距设置为 18 pt，首字下沉，下沉行数为 2，距正文 0.2 cm。

④将正文第 2 段改为繁体字，在正文第 2 段、第 3 段前加项目符号“◆”。

⑤将正文第 4 段左、右均缩进 1 cm，首行缩进 0.9 cm，行距设置为 18 pt。

⑥为正文第 5 段设置绿色段落底纹、蓝色段落边框，框线宽度为 0.5 pt，并分为等宽三栏，栏宽为 3.45 cm，栏间加分隔线。

⑦将正文第 6 段左、右均缩进 2 cm，悬挂缩进 1.2 cm，左对齐。

⑧查找文中“春天”的个数，将正文中的第 1 个“春天”设置为小四、绿色、加粗，添加黄色文

字底纹。利用格式刷复制该格式并使正文中所有的“春天”都应用这一格式。

⑨利用替换功能，将正文中所有的“花”设置为华文行楷、小三、倾斜、红色。

⑩将文档页面的纸张大小设置为“A4”，设置左、右页边距各为 2 cm，上、下页边距各为 2.5 cm。

⑪在页面底端以居中对齐方式插入页码，并将初始页码设置为全角字符的“２”。

⑫使用自己喜欢的页眉样式，添加页眉内容“朱自清名作欣赏”，并且左对齐。

⑬为标题“春”插入尾注内容“现代作家朱自清作品”，尾注引用标记为“♣”。

⑭将文档打印预览后以文件名“W9.docx”另存在“E:\Word”下。

文档排版后效果如图 2-2 所示。

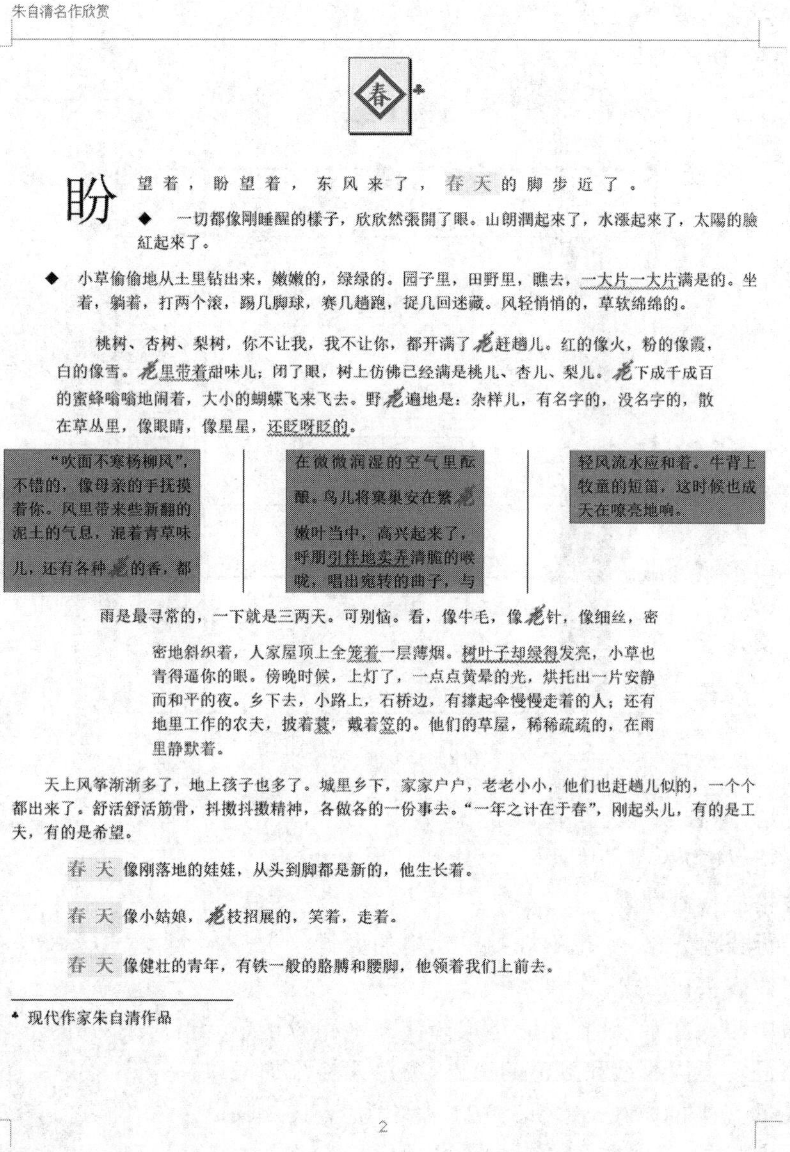
朱自清名作欣赏

春♣

盼望着，盼望着，东风来了，春天的脚步近了。

◆ 一切都像刚睡醒的樣子，欣欣然張開了眼。山朗潤起來了，水漲起來了，太陽的臉紅起來了。

◆ 小草偷偷地从土里钻出来，嫩嫩的，绿绿的。园子里，田野里，瞧去，一大片一大片满是的。坐着，躺着，打两个滚，踢几脚球，赛几趟跑，捉几回迷藏。风轻悄悄的，草软绵绵的。

桃树、杏树、梨树，你不让我，我不让你，都开满了花赶趟儿。红的像火，粉的像霞，白的像雪。花里带着甜味儿；闭了眼，树上仿佛已经满是桃儿、杏儿、梨儿。花下成千成百的蜜蜂嗡嗡地闹着，大小的蝴蝶飞来飞去。野花遍地是：杂样儿，有名字的，没名字的，散在草丛里，像眼睛，像星星，还眨呀眨的。

“吹面不寒杨柳风”，不错的，像母亲的手抚摸着你。风里带来些新翻的泥土的气息，混着青草味儿，还有各种花的香，都在微微润湿的空气里酝酿。鸟儿将窠巢安在繁花嫩叶当中，高兴起来了，呼朋引伴地卖弄清脆的喉咙，唱出宛转的曲子，与轻风流水应和着。牛背上牧童的短笛，这时候也成天在嘹亮地响。

雨是最寻常的，一下就是三两天。可别恼。看，像牛毛，像花针，像细丝，密密地斜织着，人家屋顶上全笼着一层薄烟。树叶子却绿得发亮，小草也青得逼你的眼。傍晚时候，上灯了，一点点黄晕的光，烘托出一片安静而和平的夜。乡下去，小路上，石桥边，有撑起伞慢慢走着的人；还有地里工作的农夫，披着蓑，戴着笠的。他们的草屋，稀稀疏疏的，在雨里静默着。

天上风筝渐渐多了，地上孩子也多了。城里乡下，家家户户，老老小小，他们也赶趟儿似的，一个个都出来了。舒活舒活筋骨，抖擞抖擞精神，各做各的一份事去。“一年之计在于春”，刚起头儿，有的是工夫，有的是希望。

春天像刚落地的娃娃，从头到脚都是新的，他生长着。

春天像小姑娘，花枝招展的，笑着，走着。

春天像健壮的青年，有铁一般的胳膊和腰脚，他领着我们上前去。

♣ 现代作家朱自清作品

2

图 2-2 文档排版后效果

实验 2-4 制作课程表

1. 实验目的

①熟练掌握表格的建立及内容的输入。

②熟练掌握表格的编辑和格式化。

2. 实验要求

制作如图 2-3 所示的课程表。

课程表

星期 节次		星期一	星期二	星期三	星期四	星期五
上午	1~2					
	3~4					
下午	5~6					
	7~8					
	9~10					

图 2-3　课程表效果

①输入标题“课程表”，并设置为隶书、小二、居中。

②插入表格，调整表格的大小。

③设置表格的行高和列宽。

④合并与拆分单元格，实现不规则单元格的设置。

⑤设置斜线表头。

⑥在表格中输入文字，设置相应格式并使文字相对于单元格居中对齐。

⑦为表格设置不同线型和颜色的边框，为单元格添加底纹。

⑧保存在 E 盘下的“Word”文件夹中，命名为“W10. docx”。

3. 实验步骤

①启动 Word 2016，进入 Word 2016 的工作窗口。

②在第 1 行输入文字“课程表”，利用“开始”选项卡的“字体”组的相应按钮设置字体为“隶

书”、字号为“小二”,单击“居中”按钮。

③将光标移到第2行,单击“插入”选项卡的“表格”组的“表格”下拉按钮,在下拉菜单中选择“插入表格”命令,打开“插入表格”对话框。在“行数”微调框中选择或输入“8”,在“列数”微调框中选择或输入“6”,单击“确定”按钮。把指针放到表格中,再拖曳右下角的小方格调整表格大小。

④选中表格,在“表格工具-布局”选项卡的“单元格大小”组的“高度”微调框中选择或输入“1.5厘米”,在“宽度”微调框中选择或输入“2厘米”。

⑤选中第1列的第2至第5行,右击,在弹出的快捷菜单中选择“合并单元格”命令。选中修改后的表格的第1列的第3至第5行,右击,在弹出的快捷菜单中选择“合并单元格”命令。选中第1列第2行,右击,在弹出的快捷菜单中选择“拆分单元格”命令,打开“拆分单元格”对话框。在“行数”微调框中选择或输入“1”,在“列数”微调框中选择或输入“2”,单击“确定”按钮。同样,选中第1列第3行,将其拆分为1行2列。选中第2行第2列,右击,在弹出的快捷菜单中选择“拆分单元格”命令,在“拆分单元格”对话框中设置行数为“2”,设置列数为“1”,单击“确定”按钮。同样,选中第3行第2列,将其拆分为3行1列。

⑥单击第1个单元格,单击“插入”选项卡的“插图”组的“形状”下拉按钮,在下拉菜单“线条”中选择“直线”╲,在第1个单元格左上角顶点处单击并按住鼠标左键拖曳至右下角顶点,绘制出斜线表头。此时,出现“绘图工具-格式”选项卡,在其中的“插入形状”组中单击“文本框”按钮,在斜线表头单元格的适当位置绘制一个文本框,输入“星”字。然后选中文本框,右击,在弹出的快捷菜单中选择“设置形状格式”命令,打开“设置形状格式”任务窗格,在“填充”和“线条”选项卡中分别选中“无填充”和“无线条”单选按钮,单击“关闭”按钮。用同样的方法制作出斜线表头中的“期”“节”“次”等字。在表格其他单元格中输入相应内容,然后选中整个表格中的文字,在“表格工具-布局”选项卡的“对齐方式”组中单击“水平居中”按钮。

⑦在“表格工具-布局”选项卡中,单击“绘图”组中的“绘制表格”按钮,再在“表格工具-设计”选项卡的“边框”组中的“笔样式”下拉列表中选择实线“——”,在“笔画粗细”(笔划粗细)下拉列表中选择“2.25磅”,单击“笔颜色”下拉按钮,在下拉菜单中选择“蓝色”,重画表格的外框线。同样,在“笔样式”下拉列表中选择双线“══”,在“笔划粗细”下拉列表中选择“1.5磅”,单击“笔颜色”下拉按钮,在下拉菜单中选择“红色”,重画“上午”和“下午”之间的分隔线。再次在“表格工具-布局”选项卡中,单击“绘图”组中的“绘制表格”按钮,取消绘笔样式。选中“星期一”至“星期五”所在的单元格,在“表格工具-设计”选项卡的“表格样式”组中单击“底纹”下拉按钮,在下拉菜单中选择“黄色”;选中“1～2”至“9～10”所在的单元格,单击“底纹”下拉按钮,在下拉菜单中选择“紫色”,再设置文字颜色为白色。

⑧单击“文件”按钮,在菜单中选择“保存”命令,在“另存为”界面中单击“浏览”按钮,打开“另存为”对话框,在地址栏中选择或输入“E:\Word”,在“文件名”下拉组合框中输入“W10”,单击“保存”按钮。

实验 2-5 制作统计表

1. 实验目的

①掌握文本和表格的相互转换。

②掌握表格计算和表格自动套用样式。

2. 实验要求

①利用制表位功能，制作如图 2-4 所示的“乐器销售统计表”。文件命名为“W11. docx”，保存在“E:\Word”下。要求：第 1 列居中对齐，第 2 列右对齐，第 3 列小数点对齐。

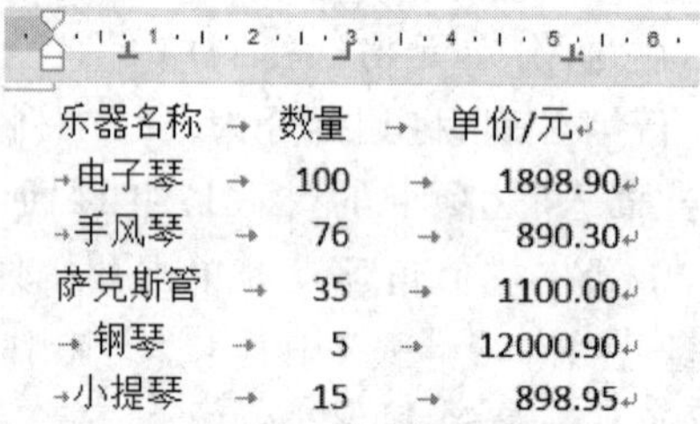

乐器名称	数量	单价/元
电子琴	100	1898.90
手风琴	76	890.30
萨克斯管	35	1100.00
钢琴	5	12000.90
小提琴	15	898.95

图 2-4　乐器销售统计表

②将“W11. docx”文件中的文本转换成 6 行 4 列的表格，并以文件名“W12. docx”保存在相同路径下。

③将“W12. docx”文件中的表格转换成文本，并用逗号作为文本之间的分隔符，以文件名“W13. docx”保存在相同路径下。

④打开“W12. docx”文件，按以下要求进行修改，最终效果如图 2-5 所示。

乐器销售统计表

乐器名称	数量	单价/元	金额/元
电子琴	100	1898.90	189890.00
手风琴	76	890.30	67662.80
钢琴	5	12000.90	60004.50
萨克斯管	35	1100.00	38500.00
小提琴	15	898.95	13484.25

图 2-5　最终效果

将表格第 1 列(空白列)删除。

在表格最右边插入一空列，输入列标题“金额/元”，在“金额/元”列中的相应单元格中，按公式“金额＝单价×数量”计算并填入左侧乐器的合计金额(要求保留两位小数)，最后按“金额/元”降序排列表格内容。

表格自动套用样式“网格表 4-着色 1”，并将表格居中。

在表格顶端添加表标题“乐器销售情况表”，将标题设置为四号、黑体、加粗、居中。

以原文件名保存文档。

3. 实验步骤

①启动 Word 2016，进入 Word 2016 的工作窗口。

②单击“开始”选项卡的“段落”组右下角的对话框启动器，打开“段落”对话框，在“缩进和间距”选项卡中单击“制表位”按钮，打开“制表位”对话框。在“制表位位置”文本框中输入“2 字符”，在“对齐方式”栏中选中“居中”单选按钮，在“前导符”栏中选中“1 无”单选按钮，单击“设置”按钮；在“制表位位置”文本框中输入“8 字符”，在“对齐方式”栏中选中“右对齐”单选按钮，在“前导符”栏中选中“1 无”单选按钮，单击“设置”按钮；在“制表位位置”文本框中输入“14 字符”，在“对齐方式”栏中选中“小数点对齐”单选按钮，在“前导符”栏中选中“1 无”单选按钮，单击“设置”按钮，单击“确定”按钮。

③按 Tab 键，输入“乐器名称”，按 Tab 键，输入“数量”，按 Tab 键，输入“单价/元”，按 Enter 键，结束第 1 行的输入。将光标移到下一行，继续完成其他行的输入。

④单击“文件”按钮，在菜单中选择“保存”命令，在“另存为”界面中单击“浏览”按钮，打开“另存为”对话框，在地址栏中选择或输入“E:\Word”，在“文件名”下拉列表框中输入文件名“W11”，单击“保存”按钮。

⑤选中文字内容，单击“插入”选项卡的“表格”组的“表格”下拉按钮，在下拉菜单中选择“文本转换成表格”命令，打开“将文字转换成表格”对话框。在“列数”微调框中选择或输入“4”，行数确认为“6”，单击“确定”按钮。

⑥单击“文件”按钮，在菜单中选择“另存为”命令，在“另存为”界面中单击“浏览”按钮，打开“另存为”对话框，在地址栏中选择或输入“E:\Word”，在“文件名”下拉组合框中输入文件名“W12”，单击“保存”按钮。

⑦选中表格，单击“表格工具-布局”选项卡的“数据”组的“转换为文本”按钮，打开“表格转换成文本”对话框，在“文字分隔符”栏中选中“逗号”单选按钮，单击“确定”按钮。

⑧单击“文件”按钮，在菜单中选择“另存为”命令，在“另存为”界面中单击“浏览”按钮，打开“另存为”对话框，在地址栏中选择或输入“E:\Word”，在“文件名”下拉组合框中输入文件名“W13”，单击“保存”按钮。单击“文件”按钮，在菜单中选择“关闭”命令关闭该文档。

⑨打开“W12. docx”文件。选中第 1 列，右击，在弹出的快捷菜单中选择“删除列”命令；选中第 3 列，单击“表格工具-布局”选项卡的“行和列”组的“在右侧插入”按钮，在右边插入空列；单击该列的第 1 个单元格，输入文字“金额/元”。

⑩单击该列的第 2 个单元格，单击“表格工具-布局”选项卡的“数据”组的“公式”按钮，打开“公式”对话框。在“公式”文本框中输入“＝B2 * C2”，在“编号格式”下拉列表中选择“0.00”，单击“确定”按钮。依次单击该列的第 3 至第 6 个单元格，用同样的方法计算出金额（在“公式”文本框中依次输入“＝B3 * C3”“＝B4 * C4”“＝B5 * C5”“＝B6 * C6”）。选中“金额/元”列，单击“数据”组中的“排序”按钮，打开“排序”对话框。在“主要关键字”栏中选中“降序”单选按钮，单击“确定”按钮。

⑪选中表格，在“表格工具-设计”选项卡的“表格样式”组的样式库中选择“网格表 4-着色 1”。单击“开始”选项卡的“段落”组的“居中”按钮，使表格居中。

⑫在表格前插入标题的方法：选中表格，执行剪切操作，接着按 Enter 键产生一个空行，此时光标自动移到第 2 行，在此处粘贴表格后，再将光标移到第 1 行，输入标题“乐器销售情况表”。在“开始”选项卡中，将“字体”设置为“黑体”，将“字号”设置为“四号”，单击“加粗”按钮和

“居中”按钮。

4. 拓展任务:设计制作“便民集团销售统计表”

建立如图 2-6 所示的表格,以文件名“W14. docx”保存在“E:\Word”下,并进行以下操作。

	一季度/万元	二季度/万元	三季度/万元	四季度/万元
福星店	2824.0	2239.0	2569.0	3890.0
西湖店	2589.0	3089.0	4120.0	4500.0
盐城店	1389.0	2209.0	2556.0	3902.0
南山店	1120.0	2498.0	3001.0	3450.0

图 2-6　便民集团销售统计表

①在表格底部添加一个空行,在该行第 1 个单元格内输入行标题“平均值”,在该行其余单元格中计算并填入相应列中数据的平均值,平均值保留一位小数。

②在表格最右边添加一列,列标题为“全年/万元”,计算各店全年的销售额总和,保留一位小数,然后按本列降序排列表格内容。

③令表格中第 1 行和第 1 列的内容在水平方向上居中对齐,其他单元格的内容在水平方向上两端对齐,在垂直方向上靠下对齐。

④表格自动套用样式“网格表 6 彩色-着色 5”,并将表格居中。

⑤在表格顶端添加标题“便民集团销售统计表”,并设置为小二号、隶书、加粗,居中。以原文件名保存文件。

最终效果如图 2-7 所示。

便民集团销售统计表

	一季度/万元	二季度/万元	三季度/万元	四季度/万元	全年/万元
福星店	2824.0	2239.0	2569.0	3890.0	11522.0
西湖店	2589.0	3089.0	4120.0	4500.0	14298.0
盐城店	1389.0	2209.0	2556.0	3902.0	10056.0
南山店	1120.0	2498.0	3001.0	3450.0	10069.0
平均值	1980.5	2508.8	3061.5	3935.5	

图 2-7　最终效果

实验 2-6 制作手抄报

1. 实验目的

①熟练掌握图片的插入、编辑和格式化的方法。

②掌握绘制图形的方法。

③掌握文本框的使用。

④掌握艺术字体的使用。

⑤掌握在文档中输入公式的方法。

⑥掌握图片和文字混合排版的方法。

2. 实验要求

制作手抄报《图形的魅力》，最终效果如图 2-8 所示。

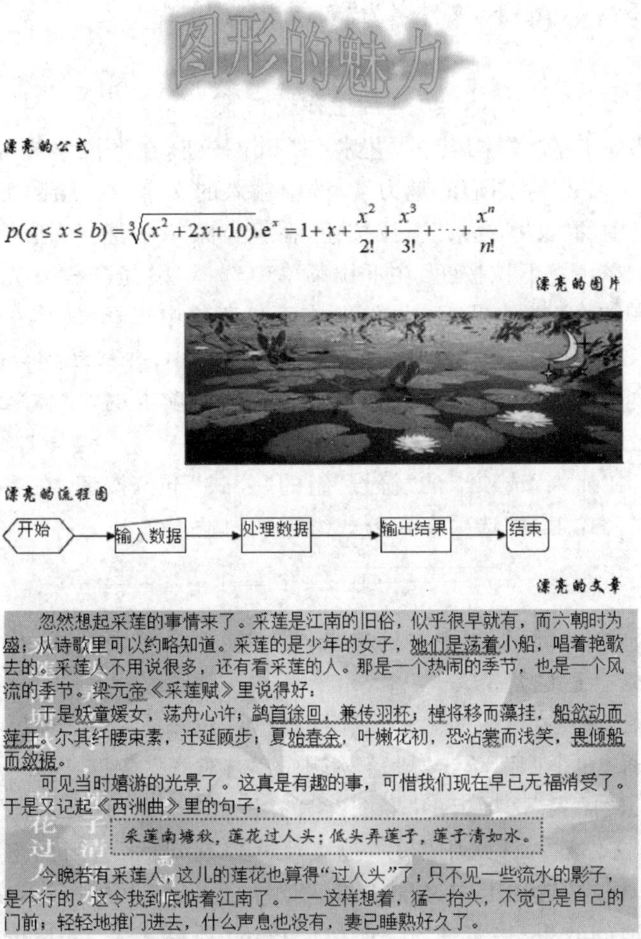

图形的魅力

漂亮的公式

$$p(a \le x \le b)=\sqrt[3]{(x^2+2x+10)}, e^x=1+x+\frac{x^2}{2!}+\frac{x^3}{3!}+\cdots+\frac{x^n}{n!}$$

漂亮的图片

漂亮的流程图

开始 → 输入数据 → 处理数据 → 输出结果 → 结束

漂亮的文章

忽然想起采莲的事情来了。采莲是江南的旧俗，似乎很早就有，而六朝时为盛；从诗歌里可以约略知道。采莲的是少年的女子，她们是荡着小船，唱着艳歌去的。采莲人不用说很多，还有看采莲的人。那是一个热闹的季节，也是一个风流的季节。梁元帝《采莲赋》里说得好：

于是妖童媛女，荡舟心许；鹢首徐回，兼传羽杯；棹将移而藻挂，船欲动而萍开。尔其纤腰束素，迁延顾步；夏始春余，叶嫩花初，恐沾裳而浅笑，畏倾船而敛裾。

可见当时嬉游的光景了。这真是有趣的事，可惜我们现在早已无福消受了。于是又记起《西洲曲》里的句子：

采莲南塘秋，莲花过人头；低头弄莲子，莲子清如水。

今晚若有采莲人，这儿的莲花也算得“过人头”了；只不见一些流水的影子，是不行的。这令我到底惦着江南了。——这样想着，猛一抬头，不觉已是自己的门前；轻轻地推门进去，什么声息也没有，妻已睡熟好久了。

图 2-8　手抄报《图形的魅力》最终效果

①将“图形的魅力”设置为艺术字。艺术字样式为“填充-橙色，着色2，轮廓-着色2”，艺术字文本效果为“阴影-透视-右上对角透视”“发光-发光变体-橙色，11 pt发光，个性色2”“转换-弯曲-波形1”。适当调整艺术字的大小和位置。

②插入第1张图片“荷塘”（可以是其他与荷塘有关的图片）并进行适当调整，如增加对比度、降低亮度等，环绕方式设置为“嵌入型”。

③绘制自选图形“新月形”和“十字星”。对已绘制的“新月形”图形进行如下修改：改变图形大小，修改图形的形状，调整图形的角度，设置图形的填充色为“黄色”。将已绘制的“十字星”图形复制两个。将星星、月亮图形组合成一个整体，调整这个组合对象的大小，并将其移动到图片“荷塘”之上。

④插入流程图并添加文字。

⑤插入第2张图片“采莲”（可以是其他与荷花有关的图片）并调整到适当大小，将图片设置为水印效果，环绕方式设置为“衬于文字下方”。

⑥为“采莲南塘秋，莲花过人头；低头弄莲子，莲子清如水。”添加文本框。设置文本框的填充色为预设渐变“浅色渐变-个性色5”，类型为“射线”，方向为“从中心”；边框线为紫色圆点虚线，线型为1.5 pt实线。

⑦文件保存在“E:\Word”下，文件名为“W15.docx”。

3. 实验步骤

①启动Word 2016，进入Word 2016的工作窗口。

②单击“插入”选项卡的“文本”组的“艺术字”下拉按钮，在下拉菜单中选择“填充-橙色，着色2，轮廓-着色2”，输入文字“图形的魅力”。选中输入的文字，在“绘图工具-格式”选项卡中，单击“艺术字样式”组中的“文本效果”下拉按钮，在下拉菜单中选择“阴影”→“透视-右上对角透视”；再次单击“文本效果”下拉按钮，在下拉菜单中选择“发光”→“发光变体-橙色，11 pt发光，个性色2”；继续单击“文本效果”下拉按钮，在下拉菜单中选择“转换”→“弯曲-波形1”。拖曳“图形的魅力”艺术字四周的尺寸控制句柄，适当调整大小，并移动到合适位置。

③在适当位置输入文字“漂亮的公式”，利用“开始”选项卡的“字体”组的相应按钮设置字体为“华文行楷”，字号为“小四”。

④定位光标，单击“插入”选项卡的“符号”组的“公式”下拉按钮，在下拉菜单中选择“插入新公式”命令。利用“公式工具”选项卡在公式编辑区内输入

$$p(a \leqslant x \leqslant b) = \sqrt[3]{x^2 + 2x + 10}, \quad e^x = 1 + x + \frac{x^2}{2!} + \frac{x^3}{3!} + \cdots + \frac{x^n}{n!}$$

输入完毕后在公式编辑区外的空白处单击，结束输入。单击公式，拖曳尺寸控制句柄，适当调整大小，并移动到合适位置。

⑤在适当位置输入文字“漂亮的图片”，利用“开始”选项卡的“字体”组的相应按钮设置字体为“华文行楷”，字号为“小四”，单击“段落”组中的“右对齐”按钮。

⑥定位光标，单击“插入”选项卡的“插图”组的“图片”按钮，打开“插入图片”对话框，选择准备好的“荷塘.jpg”文件插入。选中图片，拖曳尺寸控制句柄，适当调整大小，并移动到合适位置。在“图片工具-格式”选项卡中，单击“调整”组的“更正”下拉按钮，在下拉菜单的“亮度/对比度”区中选择合适的效果；接着在“排列”组中单击“环绕文字”下拉按钮，在打开的下拉菜单中选择“嵌入型”命令。

⑦单击“插入”选项卡的“插图”组的“形状”下拉按钮，在下拉菜单中的“基本形状”区中选择“新月形”，在合适的地方画好月亮，并拖曳尺寸控制句柄适当改变它的大小和形状。移动鼠标指针到图形上方的旋转句柄，鼠标指针变成圆圈状，拖曳鼠标使图形旋转到合适位置。在“绘图工具-格式”选项卡的“形状样式”组中单击“形状填充”下拉按钮，在下拉菜单中选择“黄色”。用同样的方法画好星星，并复制两个，分别修改每个图形的形状、调整图形的角度、设置图形的填充色、将图形移动到合适的位置。按住Shift键，依次单击月亮和每个星星，然后松开Shift键，再在图形中右击，在弹出的快捷菜单中选择“组合”→“组合”命令，调整这个组合对象的大小并将其移动到图片“荷塘”之上。

⑧在适当位置输入文字“漂亮的流程图”，利用“开始”选项卡的“字体”组的相应按钮设置字体为“华文行楷”，字号为“小四”，单击“段落”组中的“左对齐”按钮。

⑨单击“插入”选项卡的“插图”组的“形状”下拉按钮，在下拉菜单中选择“流程图”中的相应图形，画在合适的地方。在“绘图工具-格式”选项卡的“形状样式”组中，选择样式库中的样式“彩色轮廓-黑色，深色1”，再单击该组中的“形状轮廓”下拉按钮，在下拉菜单中选择“粗细”→“1磅”命令；在图形中右击，在弹出的快捷菜单中选择“添加文字”命令，输入文字。单击“插入”选项卡的“插图”组的“形状”下拉按钮，在下拉菜单的“线条”区中选择“箭头”，画出向右的箭头。重复以上操作，继续插入其他形状直至完成。

⑩在适当位置输入文字“漂亮的文章”，利用“开始”选项卡的“字体”组的相应按钮设置字体为“华文行楷”，字号为“小四”，单击“段落”组中的“右对齐”按钮。

⑪输入文字“忽然想起采莲的事情来了。……妻已睡熟好久了。”

⑫单击“插入”选项卡的“插图”组的“图片”按钮，打开“插入图片”对话框，选择准备好的“采莲”图片插入，拖曳尺寸控制句柄到合适大小。在“图片工具-格式”选项卡中，单击“调整”组的“颜色”下拉按钮，在下拉菜单中的“重新着色”区中选择“冲蚀”；单击“排列”组的“环绕文字”下拉按钮，在下拉菜单中选择“衬于文字下方”命令。

⑬单击“插入”选项卡的“插图”组的“形状”下拉按钮，在下拉菜单的“基本形状”区选择“文本框”，在合适的位置插入文本框。选中文字“采莲南塘秋，莲花过人头；低头弄莲子，莲子清如水。”，按Ctrl+X组合键，再单击文本框，按Ctrl+V组合键，将文字放入文本框。选中文本框，右击，在弹出的快捷菜单中选择“设置形状格式”命令，打开“设置形状格式”任务窗格。在“填充”选项卡中选中“渐变填充”单选按钮，单击“预设渐变”下拉按钮，在下拉菜单中选择“浅色渐变-个性色5”，在“类型”下拉列表中选择“射线”，单击“方向”下拉按钮，在下拉菜单中选择“从中心”。在“线条”选项卡中选中“实线”单选按钮，单击“颜色”下拉按钮，在下拉菜单中选择“紫色”，在“宽度”微调框中选择或输入“1.5磅”，在“短划线类型”下拉列表中选择“圆点”，单击“关闭”按钮。

⑭单击“文件”按钮，在菜单中选择“保存”命令，在“另存为”界面中单击“浏览”按钮，打开“另存为”对话框，在地址栏中选择或输入“E:\Word”，在“文件名”下拉组合框中输入文件名“W15”，单击“保存”按钮。

4. 拓展任务1：制作手抄报《美丽的春天》

①打开前面保存在“E:\Word”下的“W8.docx”文件，将前5段正文复制到一个新文件中，各段之间空一行，并以“W16.docx”为文件名保存在“E:\Word”下，然后进行如下操作。

②在第1段前插入艺术字“美丽的春天”，样式为“填充-金色，着色4，软棱台”，文本效果

为“发光-绿色，18 pt 发光，个性色 6”和“转换-弯曲-波形 2”。

③插入蝴蝶剪贴画，缩小到 20%，环绕方式为“紧密型环绕”；插入花朵剪贴画，图片的高度和宽度均设置为 3 cm，环绕方式为“衬于文字下方”，并作为水印放在合适位置。

注意：蝴蝶和花朵剪贴画如果是联机图片，此时计算机应联网操作。

④插入竖排文本框，形状样式为“细微效果-橙色，强调颜色 2”，形状效果为“阴影-透视-左上对角透视”。

⑤利用自选图形绘制流程图，组合并设置填充色为“浅蓝”。

⑥在文末输入公式

$$F(y)=\int_{y}^{y^2} \mathrm{e}^{-x^2 y}\mathrm{d}x+\prod_{y=1}^{100} y^2+\sqrt[3]{\frac{y+1}{y-1}+1}$$

并设置填充色为“浅绿”。

⑦以原文件名保存文件。

效果如图 2-9 所示。

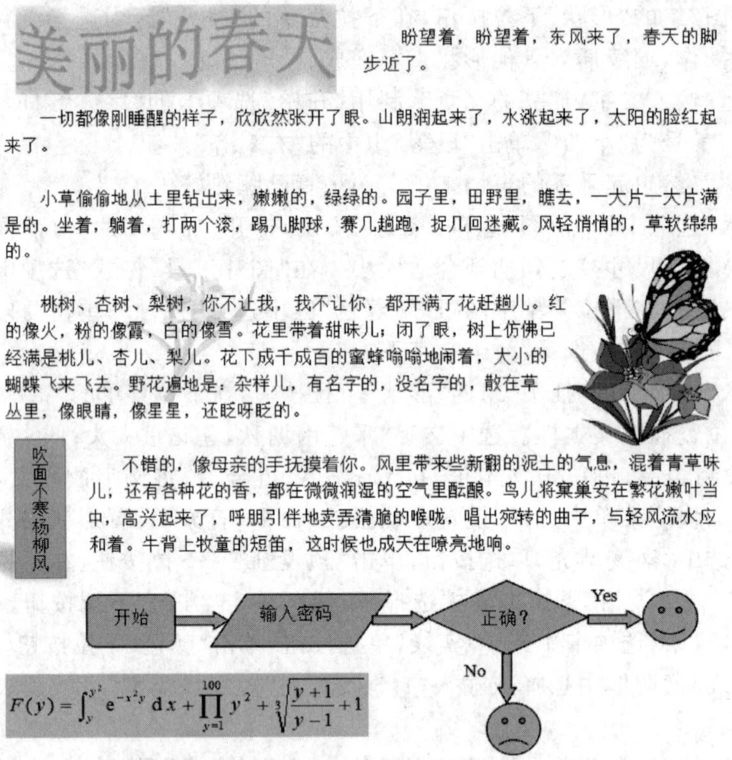

美丽的春天

盼望着，盼望着，东风来了，春天的脚步近了。

一切都像刚睡醒的样子，欣欣然张开了眼。山朗润起来了，水涨起来了，太阳的脸红起来了。

小草偷偷地从土里钻出来，嫩嫩的，绿绿的。园子里，田野里，瞧去，一大片一大片满是的。坐着，躺着，打两个滚，踢几脚球，赛几趟跑，捉几回迷藏。风轻悄悄的，草软绵绵的。

桃树、杏树、梨树，你不让我，我不让你，都开满了花赶趟儿。红的像火，粉的像霞，白的像雪。花里带着甜味儿；闭了眼，树上仿佛已经满是桃儿、杏儿、梨儿。花下成千成百的蜜蜂嗡嗡地闹着，大小的蝴蝶飞来飞去。野花遍地是：杂样儿，有名字的，没名字的，散在草丛里，像眼睛，像星星，还眨呀眨的。

吹面不寒杨柳风

不错的，像母亲的手抚摸着你。风里带来些新翻的泥土的气息，混着青草味儿，还有各种花的香，都在微微润湿的空气里酝酿。鸟儿将窠巢安在繁花嫩叶当中，高兴起来了，呼朋引伴地卖弄清脆的喉咙，唱出宛转的曲子，与轻风流水应和着。牛背上牧童的短笛，这时候也成天在嘹亮地响。

$$F(y)=\int_{y}^{y^2} \mathrm{e}^{-x^2 y}\,\mathrm{d}x+\prod_{y=1}^{100} y^2+\sqrt[3]{\frac{y+1}{y-1}}+1$$

图 2-9　手抄报《美丽的春天》效果

5. 拓展任务 2：自选题材制作手抄报

收集文字和相关素材制作一份手抄报，如图 2-10 所示。

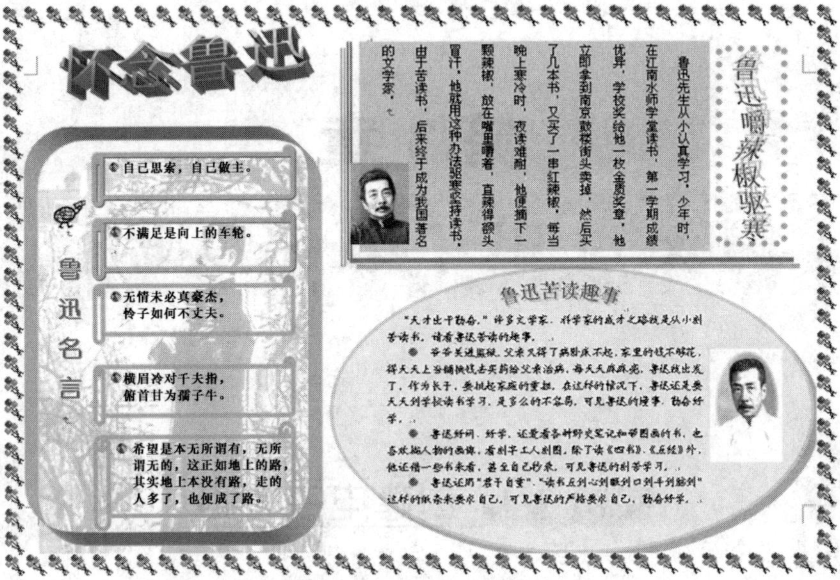
怀念鲁迅
鲁迅名言
自己思索，自己做主。
不满足是向上的车轮。
无情未必真豪杰，怜子如何不丈夫。
横眉冷对千夫指，俯首甘为孺子牛。
希望是本无所谓有，无所谓无的，这正如地上的路，其实地上本没有路，走的人多了，也便成了路。
鲁迅嚼辣椒驱寒
鲁迅先生从小认真学习，少年时，在江南水师学堂读书，第一学期成绩优异，学校奖给他一枚金质奖章，他立即拿到南京鼓楼街头卖掉，然后买了几本书，又买了一串红辣椒，每当晚上寒冷时，夜读难耐，他便摘下一颗辣椒，放在嘴里嚼着，直辣得额头冒汗，他就用这种办法驱寒坚持读书，由于苦读书，后来终于成为我国著名的文学家。
鲁迅苦读趣事
“天才出于勤奋。”许多文学家、科学家的成才之路就是从小刻苦读书。请看鲁迅苦读的趣事。

图 2-10　手抄报

6. 拓展任务 3：制作个人简历

制作一个自我介绍的 Word 文档，要求图文并茂，兼具表格。图形可以是自己的自画像或数码照片，自我介绍可以包括姓名、性别、出生年月、籍贯、爱好、最喜欢的事情、格言等，表格是自己的个人简历，格式可以参考图 2-11。

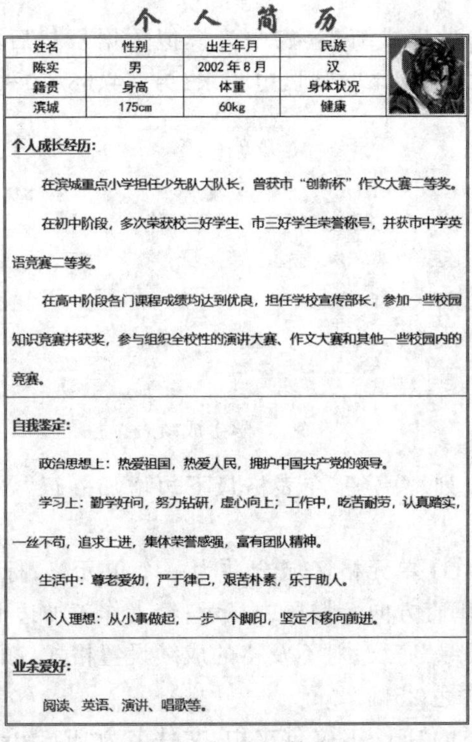

个　人　简　历

姓名	性别	出生年月	民族
陈实	男	2002 年 8 月	汉
籍贯	身高	体重	身体状况
滨城	175cm	60kg	健康

个人成长经历:

在滨城重点小学担任少先队大队长，曾获市“创新杯”作文大赛二等奖。

在初中阶段，多次荣获校三好学生、市三好学生荣誉称号，并获市中学英语竞赛二等奖。

在高中阶段各门课程成绩均达到优良，担任学校宣传部长，参加一些校园知识竞赛并获奖，参与组织全校性的演讲大赛、作文大赛和其他一些校园内的竞赛。

自我鉴定:

政治思想上：热爱祖国，热爱人民，拥护中国共产党的领导。

学习上：勤学好问，努力钻研，虚心向上；工作中，吃苦耐劳，认真踏实，一丝不苟，追求上进，集体荣誉感强，富有团队精神。

生活中：尊老爱幼，严于律己，艰苦朴素，乐于助人。

个人理想：从小事做起，一步一个脚印，坚定不移向前进。

业余爱好:

阅读、英语、演讲、唱歌等。

图 2-11　个人简历

第 3 章 Excel 电子表格实验

实验 3-1 创建电子表格

1. 实验目的

①熟练掌握工作表中数据的输入。

②熟练掌握在工作表中应用公式和函数的方法。

③熟练掌握工作表的编辑和格式化操作。

2. 实验要求

①建立如图 3-1 所示的学生成绩表(表中为模拟数据),然后将彭佩的英语成绩改为 86 分,在史匀的记录前添加郑凯的记录"郑凯、电子系、男、54、68、70"。

	A	B	C	D	E	F
1	学生成绩表					
2	姓名	单位	性别	数学	英语	计算机
3	刘铁	电子系	男	70	53	66
4	孙刚	管理系	男	80	88	83
5	陈凤	经济系	女	86	77	92
6	沈阳	电子系	男	90	71	86
7	秦强	电子系	男	92	78	85
8	陆斌	管理系	男	79	70	90
9	邹蕾	经济系	女	65	46	72
10	彭佩	经济系	女	77	68	80
11	史匀	经济系	男	94	83	89

图 3-1 学生成绩表

②在表格最右边增加一列"总分",在表格最下边增加一行"各科平均分",并将结果计算出来。

③表格格式化。将 A1:G1 单元格区域合并为一个单元格;标题文字格式为黑体、18 pt、加粗,在单元格中的水平和垂直方向上均居中显示;给工作表加边框线,外框为粗线,内框为细线;给"姓名"所在行添加"浅绿"底纹;对不及格的成绩设置格式,颜色为"红色",加粗,倾斜,单元格底纹为"白色,背景 1,深色 25%"。

④将文件保存在 E 盘下的"Excel"文件夹中,文件名为"E1. xlsx"。

3. 实验步骤

①进入 E 盘文件夹窗口，在空白处右击，在弹出的快捷菜单中选择“新建”→“文件夹”命令，输入文件夹名“Excel”，按 Enter 键。

②启动 Excel 2016，进入 Excel 2016 的工作界面。

③双击单元格，输入学生成绩表内容。其中“单位”列数据中有许多重复数据，这些数据可以通过 Excel 提供的快速输入法来输入，即输入完第 1 个字符后，根据系统的提示按 Enter 键完成其他字符的输入。

④双击 E10 单元格，将英语成绩由“68”改为“86”。将指针停留在 A11 单元格上，右击，在弹出的快捷菜单中选择“插入”命令，打开“插入”对话框。选中“整行”单选按钮，单击“确定”按钮，则在该处插入一行空单元格，在该行输入郑凯的记录。

⑤双击 G2 单元格，输入“总分”；双击 A13 单元格，输入“各科平均分”。

⑥双击 G3 单元格，单击“公式”选项卡的“函数库”组的“自动求和”下拉按钮，在下拉菜单中选择“求和”命令，确认公式正确后按 Enter 键，即可将求和结果自动输入 G3 单元格。然后用自动填充的方法计算其他总分，即单击 G3 单元格，将指针移至 G3 单元格的右下角填充柄处，当指针由空心粗十字变为实心细十字时，按住鼠标左键，拖曳至单元格 G12。

⑦双击 D13 单元格，使用粘贴函数的方法求平均分。单击“公式”选项卡的“函数库”组中的“插入函数”按钮或编辑栏中的按钮，打开“插入函数”对话框，在“选择函数”列表框中选择“AVERAGE”，单击“确定”按钮，打开“函数参数”对话框，在“Number1”文本框中输入“D3:D12”，再单击“确定”按钮，再用自动填充的方法求其他学生的平均分。

⑧选定 A1:G1 单元格区域，单击“开始”选项卡的“对齐方式”组的“合并后居中”按钮。然后在合并后的单元格中右击，在弹出的快捷菜单中选择“设置单元格格式”命令，打开“设置单元格格式”对话框。切换至“字体”选项卡，字体选择“黑体”，字形选择“加粗”，字号选择“18”，单击“确定”按钮。选中 A2:G13 单元格区域，右击，在弹出的快捷菜单中选择“设置单元格格式”命令，打开“设置单元格格式”对话框。切换至“边框”选项卡，样式选择“粗线”，单击“预置”栏中的“外边框”；接着样式选择“细线”，单击“预置”栏中的“内部”，单击“确定”按钮。选中“姓名”所在行 A2:G2 单元格区域，右击，在弹出的快捷菜单中选择“设置单元格格式”命令，打开“设置单元格格式”对话框。切换至“填充”选项卡，背景色选择“浅绿”，单击“确定”按钮。选中 D3:F12 单元格区域，单击“开始”选项卡的“样式”组的“条件格式”下拉按钮，在下拉菜单中选择“突出显示单元格规则”→“小于”命令，打开“小于”对话框。在文本框中输入“60”，在“设置为”下拉列表中选择“自定义格式…”，如图 3-2 所示，接着在打开的“设置单元格格式”对话框的“字体”选项卡中设置单元格文字为“红色”“加粗倾斜”，在“填充”选项卡中设置背景色为“白色，背景 1，深色 25%”(第 1 列第 4 个)，连续单击“确定”按钮。格式化后的学生成绩表如图 3-3 所示。

图 3-2 “小于”对话框设置

	A	B	C	D	E	F	G
1	学生成绩表						
2	姓名	单位	性别	数学	英语	计算机	总分
3	刘铁	电子系	男	70	*53*	66	189
4	孙刚	管理系	男	80	88	83	251
5	陈凤	经济系	女	86	77	92	255
6	沈阳	电子系	男	90	71	86	247
7	秦强	电子系	男	92	78	85	255
8	陆斌	管理系	男	79	70	90	239
9	邹蕾	经济系	女	65	*46*	72	183
10	彭佩	经济系	女	77	86	80	243
11	郑凯	电子系	男	*54*	68	70	192
12	史匀	经济系	男	94	83	89	266
13	各科平均分			78.7	72	81.3	

图 3-3　格式化后的学生成绩表

⑨单击“文件”按钮，在菜单中选择“保存”命令，在“另存为”界面中单击“浏览”按钮，打开“另存为”对话框。在地址栏中选择或输入“E:\Excel”，在“文件名”下拉组合框中输入文件名“E1”，单击“保存”按钮。

4. 拓展任务：创建工资统计表

建立海润公司员工工资表（表中为模拟数据），如图 3-4 所示，计算实发工资（见图 3-5），并对工资表进行格式设置（见图 3-6）。最后以“E2.xlsx”为文件名保存在“E:\Excel”下。

N20

	A	B	C	D	E	F	G	H	I	J	K
1	海润公司员工工资表										
2	序号	姓名	部门代码	部门	职务	出生日期	基本工资	津贴	奖金	扣款额	实发工资
3	1	钟凝	0132	销售部	业务员	1984-07-02	7500	1450	1200	1598	
4	2	李凌	0132	销售部	业务员	1992-12-23	5400	1260	890	1586.5	
5	3	薛海仓	0132	销售部	业务员	1985-04-25	7000	1320	780	1566.5	
6	4	胡梅	0132	销售部	业务员	1996-07-23	5840	1270	830	1558	
7	5	周明明	0259	财务部	会计	1987-06-03	7000	1350	400	1548.5	
8	6	张和平	0259	财务部	出纳	1992-09-03	5250	1230	290	1578	
9	7	郑裕同	0368	技术部	技术员	1994-10-03	5180	1210	540	1569	
10	8	郭丽明	0369	技术部	工程师	1986-07-09	6900	1280	350	1545.5	
11	9	赵海	0370	技术部	工程师	1986-08-23	7600	1540	650	1566	
12	10	郑黎明	0371	技术部	技术员	1991-03-12	5880	1270	420	1556	
13	11	潘越明	0259	财务部	会计	1995-09-28	5450	1290	350	1553.5	
14	12	王海涛	0132	销售部	业务员	1992-10-12	6300	1400	1000	1588	
15	13	罗晶晶	0132	销售部	业务员	1987-09-28	6930	1300	650	1565	

图 3-4　海润公司员工工资表

	A	B	C	D	E	F	G	H	I	J	K
1	海润公司员工工资表										
2	序号	姓名	部门代码	部门	职务	出生日期	基本工资	津贴	奖金	扣款额	实发工资
3	1	钟凝	0132	销售部	业务员	1984-07-02	7500	1450	1200	1598	8552
4	2	李凌	0132	销售部	业务员	1992-12-23	5400	1260	890	1586.5	5963.5
5	3	薛海仓	0132	销售部	业务员	1985-04-25	7000	1320	780	1566.5	7533.5
6	4	胡梅	0132	销售部	业务员	1996-07-23	5840	1270	830	1558	6382
7	5	周明明	0259	财务部	会计	1987-06-03	7000	1350	400	1548.5	7201.5
8	6	张和平	0259	财务部	出纳	1992-09-03	5250	1230	290	1578	5192
9	7	郑裕同	0368	技术部	技术员	1994-10-03	5180	1210	540	1569	5361
10	8	郭丽明	0369	技术部	工程师	1986-07-09	6900	1280	350	1545.5	6984.5
11	9	赵海	0370	技术部	工程师	1986-08-23	7600	1540	650	1566	8224
12	10	郑黎明	0371	技术部	技术员	1991-03-12	5880	1270	420	1556	6014
13	11	潘越明	0259	财务部	会计	1995-09-28	5450	1290	350	1553.5	5536.5
14	12	王海涛	0132	销售部	业务员	1992-10-12	6300	1400	1000	1588	7112
15	13	罗晶晶	0132	销售部	业务员	1987-09-28	6930	1300	650	1565	7315

图 3-5　计算实发工资

①标题文字格式为黑体、22 pt、加粗，表头的字体格式为楷体、14 pt。

	A	B	C	D	E	F	G	H	I	J	K
1	海润公司员工工资表										
2	序号	姓名	部门代码	部门	职务	出生日期	基本工资	津贴	奖金	扣款额	实发工资
3	1	钟凝	0132	销售部	业务员	1984年7月2日	¥7,500.00	¥1,450.00	¥1,200.00	¥1,598.00	¥8,552.00
4	2	李凌	0132	销售部	业务员	1992年12月23日	¥5,400.00	¥1,260.00	¥890.00	¥1,586.50	¥5,963.50
5	3	薛海仓	0132	销售部	业务员	1985年4月25日	¥7,000.00	¥1,320.00	¥780.00	¥1,566.50	¥7,533.50
6	4	胡梅	0132	销售部	业务员	1996年7月23日	¥5,840.00	¥1,270.00	¥830.00	¥1,558.00	¥6,382.00
7	5	周明明	0259	财务部	会计	1987年6月3日	¥7,000.00	¥1,350.00	¥400.00	¥1,548.50	¥7,201.50
8	6	张和平	0259	财务部	出纳	1992年9月3日	¥5,250.00	¥1,230.00	¥290.00	¥1,578.00	¥5,192.00
9	7	郑裕同	0368	技术部	技术员	1994年10月3日	¥5,180.00	¥1,210.00	¥540.00	¥1,569.00	¥5,361.00
10	8	郭丽明	0369	技术部	工程师	1986年7月9日	¥6,900.00	¥1,280.00	¥350.00	¥1,545.50	¥6,984.50
11	9	赵海	0370	技术部	工程师	1986年8月23日	¥7,600.00	¥1,540.00	¥650.00	¥1,566.00	¥8,224.00
12	10	郑黎明	0371	技术部	技术员	1991年3月12日	¥5,880.00	¥1,270.00	¥420.00	¥1,556.00	¥6,014.00
13	11	潘越明	0259	财务部	会计	1995年9月28日	¥5,450.00	¥1,290.00	¥350.00	¥1,553.50	¥5,536.50
14	12	王海涛	0132	销售部	业务员	1992年10月12日	¥6,300.00	¥1,400.00	¥1,000.00	¥1,588.00	¥7,112.00
15	13	罗晶晶	0132	销售部	业务员	1987年9月28日	¥6,930.00	¥1,300.00	¥650.00	¥1,565.00	¥7,315.00

图 3-6　格式化后的工资表

②标题文字位于表格的正中间，标题和表头文字在单元格的水平和垂直方向上均居中显示，“部门代码”列数据水平方向上居中显示。

③标题行行高为“27”(36 像素)，表头行高为“21”，“姓名”列的宽度为“10”(字符)，其他所有列均设置为“自动调整列宽”。

④设置表格中数据格式，要求“基本工资”、“津贴”、“奖金”、“扣款额”和“实发工资”列的数字的小数位为 2 位，并添加千位分隔符和人民币符号“￥”；“出生日期”列的日期型格式为“****年**月**日”。

⑤表格边框的设置效果：表格的外边框为黑色粗线；标题和表头的下边框也为黑色粗线；表格的内边框为黑色细线。

⑥表格图案(底纹)的设置效果：标题的底纹为“黄色”，表头单元格的底纹为“浅绿”，“序号”和“姓名”列的单元格底纹均为“绿色”。

⑦设置“基本工资”列数据的条件格式：当满足条件“基本工资＞7 000”时，字体为“红色、加粗倾斜”；当满足条件“基本工资＜5 500”时，字体为“白色、加粗倾斜”，单元格底纹为“白色，背景 1，深色 35％”。

实验 3-2 制作图表

1. 实验目的

熟练掌握图表的创建、编辑和格式化。

2. 实验要求

根据实验 3-1 中学生成绩表的各科成绩和姓名绘制一个柱形图，图表标题为“学生成绩表”，横坐标标题为“姓名”，纵坐标标题为“分数”。将柱形图嵌入学生成绩表。

3. 实验步骤

进入 E 盘下的“Excel”文件夹，双击打开其中的“E1. xlsx”文件。

选中 A2:A12 和 D2:F12 单元格区域，单击“插入”选项卡的“图表”组的“插入柱形图或条形图”下拉按钮，在下拉菜单的“二维柱形图”区选择“簇状柱形图”，单击图表标题文本框，在其中输入“学生成绩表”。

在“图表工具-设计”选项卡的“图表布局”组中，单击“添加图表元素”下拉按钮，在下拉菜单中选择“轴标题”→“主要横坐标轴”命令，在出现的坐标轴标题文本框中输入“姓名”。继续在“图表工具-设计”选项卡的“图表布局”组中，单击“添加图表元素”下拉按钮，在下拉菜单中选择“轴标题”→“主要纵坐标轴”命令，在出现的坐标轴标题文本框中输入“分数”，如图 3-7 所示。然后将图表移到数据表下方，将文件以原文件名保存。

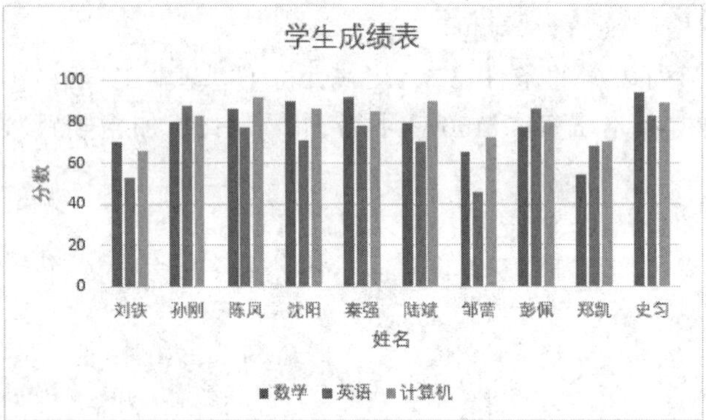

图 3-7 学生成绩表柱形图

4. 拓展任务：创建救灾统计表

①新建一个工作簿文件“E3. xlsx”，保存在“E:\Excel”下。根据下列已知数据建立抗洪救灾捐献统计表（存放在 A1:D5 的单元格区域内），将当前工作表 Sheet1 更名为“救灾统计表”。

单位	捐款/万元	实物/件	折合人民币/万元
第一部门	1.95	89	2.45
第二部门	1.20	87	1.67
第三部门	0.95	52	1.30
总计			

②计算各项捐献的总额，分别填入“总计”行的各相应列中。

③选择“单位”和“折合人民币/万元”两列数据（不包含总计），绘制部门捐款的三维饼图。要求有图例并显示各部门捐献总额占三部门捐款总额的百分比，图表标题为“各部门捐献总额百分比图”。最后将图表嵌入数据表的下方。

实验 3-3 数据排序和筛选

1. 实验目的

掌握数据排序的方法。

2. 实验要求

①打开“E:\Excel”下的“E1. xlsx”文件,复制学生成绩表(不包括标题、各科平均分行,也不包括格式)并粘贴到一个新的工作簿中。文件保存在“E:\Excel”下,命名为“E4. xlsx”。

②在“E4. xlsx”文件中,对学生成绩表按总分降序排列,总分相同时按计算机成绩降序排列。文件另存在“E:\Excel”下,命名为“E5. xlsx”。

③在“E4. xlsx”文件中,筛选学生成绩表中英语成绩为 80～90 分的学生的记录。文件另存在“E:\Excel”下,命名为“E6. xlsx”。

3. 实验步骤

(1)建立数据清单

进入 E 盘下的“Excel”文件夹,双击打开其中的“E1. xlsx”文件。选中 A2:G12 单元格区域,右击,在弹出的快捷菜单中选择“复制”命令。单击“文件”按钮,在菜单中选择“新建”命令,单击“空白工作簿”按钮,新建一个工作簿。在 A1 单元格上右击,在弹出的快捷菜单中选择“选择性粘贴”命令,打开“选择性粘贴”对话框,在其中选中“数值”单选按钮,如图 3-8 所示,单击“确定”按钮。单击“文件”按钮,在菜单中选择“另存为”命令,在“另存为”界面中单击“浏览”按钮,打开“另存为”对话框,在地址栏中选择或输入“E:\Excel”,在“文件名”下拉组合框中输入文件名“E4”,单击“保存”按钮,再关闭该文件。

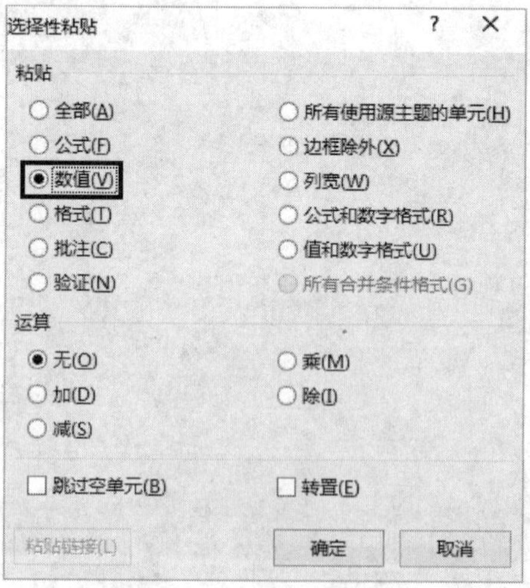

图 3-8 “选择性粘贴”对话框

(2)数据排序

打开“E:\Excel”下的“E4. xlsx”文件，选中学生成绩表中的任意单元格，单击“数据”选项卡的“排序和筛选”组的“排序”按钮，打开“排序”对话框。在“主要关键字”下拉列表中选择“总分”，在“排序依据”下拉列表中选择“数值”，在“次序”下拉列表中选择“降序”，单击“添加条件”按钮，在“次要关键字”下拉列表中选择“计算机”，在“排序依据”下拉列表中选择“数值”，在“次序”下拉列表中选择“降序”，单击“确定”按钮。排序后结果如图 3-9 所示。单击“文件”按钮，在菜单中选择“另存为”命令，在“另存为”界面中单击“浏览”按钮，打开“另存为”对话框，在地址栏中选择或输入“E:\Excel”，在“文件名”下拉组合框中输入文件名“E5”，单击“保存”按钮。

	A	B	C	D	E	F	G
1	姓名	单位	性别	数学	英语	计算机	总分
2	史匀	经济系	男	94	83	89	266
3	陈凤	经济系	女	86	77	92	255
4	秦强	电子系	男	92	78	85	255
5	孙刚	管理系	男	80	88	83	251
6	沈阳	电子系	男	90	71	86	247
7	彭佩	经济系	女	77	86	80	243
8	陆斌	管理系	男	79	70	90	239
9	郑凯	电子系	男	54	68	70	192
10	刘铁	电子系	男	70	53	66	189
11	邹蕾	经济系	女	65	46	72	183

图 3-9 按主要关键字“总分”及次要关键字“计算机”降序排列的结果

(3)数据筛选

打开“E:\Excel”下的“E4. xlsx”文件，选中学生成绩表中任意单元格，单击“数据”选项卡的“排序和筛选”组的“筛选”按钮，此时工作表的所有列标题右边出现筛选按钮。单击“英语”列的筛选按钮，在下拉列表中选择“数字筛选”→“大于或等于”命令，打开“自定义自动筛选方式”对话框。此时，第 1 个条件下拉列表框中出现“大于或等于”，在右边下拉组合框中输入“80”，单击第 2 个条件下拉列表框的下拉按钮，选择“小于或等于”，在右边下拉组合框中输入“90”，设置两个条件为“与”的关系，如图 3-10 所示，单击“确定”按钮完成筛选。筛选结果如图 3-11 所示。单击“文件”按钮，在菜单中选择“另存为”命令，在“另存为”界面中单击“浏览”按钮，打开“另存为”对话框，在地址栏中选择或输入“E:\Excel”，在“文件名”下拉组合框中输入文件名“E6”，单击“保存”按钮。

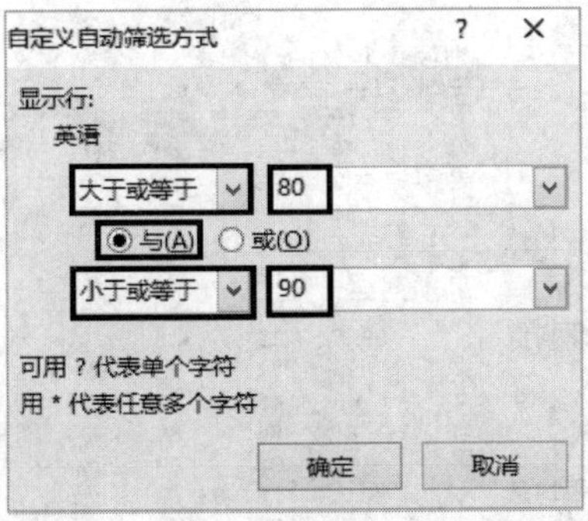

图 3-10 “自定义自动筛选方式”对话框

	A	B	C	D	E	F	G
1	姓名	单位	性别	数学	英语	计算机	总分
3	孙刚	管理系	男	80	88	83	251
9	彭佩	经济系	女	77	86	80	243
11	史匀	经济系	男	94	83	89	266

图 3-11 学生成绩表中英语成绩在 80～90 分的筛选结果

实验 3-4　数据分类统计

1. 实验目的

①掌握数据分类汇总的方法。

②掌握数据透视表的操作方法。

2. 实验要求

①在“E4. xlsx”文件中，求各系学生各门课程的平均成绩。文件另存在“E:\Excel”下，命名为“E7. xlsx”。

②在“E4. xlsx”文件中，统计各系男生和女生的人数。文件另存在“E:\Excel”下，命名为“E8. xlsx”。

3. 实验步骤

（1）分类汇总

打开“E:\Excel”下的“E4. xlsx”文件，选中“单位”列的任意单元格，单击“数据”选项卡的“排序和筛选”组的“升序”按钮，按单位升序排序。选中学生成绩表中的任意单元格，单击“数据”选项卡的“分级显示”组的“分类汇总”按钮，打开“分类汇总”对话框。在“分类字段”下拉列表中选择“单位”，在“汇总方式”下拉列表中选择“平均值”，在“选定汇总项”列表框中选择汇总字段为“数学”“英语”“计算机”，再选中“汇总结果显示在数据下方”复选框，如图 3-12 所示。单击“确定”按钮完成分类汇总，分类汇总的结果如图 3-13 所示。单击“文件”按钮，在菜单中选择“另存为”命令，在“另存为”界面中单击“浏览”按钮，打开“另存为”对话框，在地址栏中选择或输入“E:\Excel”，在“文件名”下拉组合框中输入文件名“E7”，单击“保存”按钮。

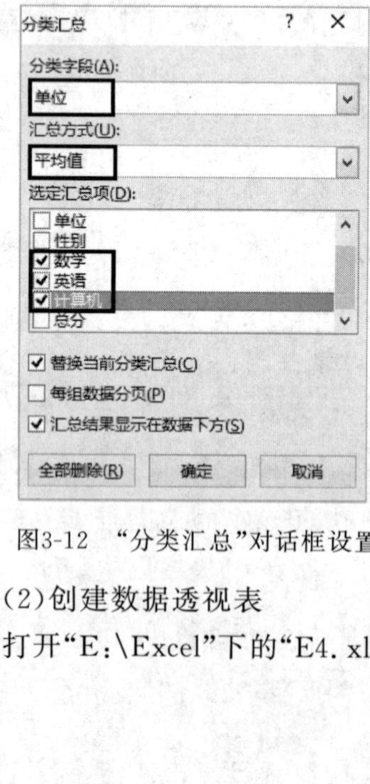

图3-12　“分类汇总”对话框设置

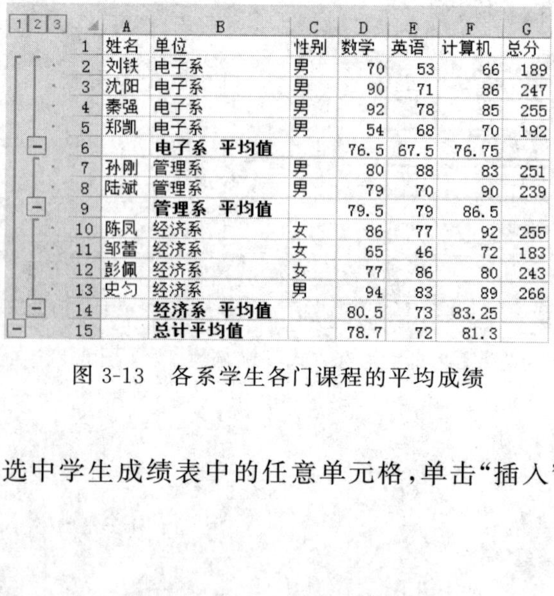

	A	B	C	D	E	F	G
1	姓名	单位	性别	数学	英语	计算机	总分
2	刘铁	电子系	男	70	53	66	189
3	沈阳	电子系	男	90	71	86	247
4	秦强	电子系	男	92	78	85	255
5	郑凯	电子系	男	54	68	70	192
6		**电子系 平均值**		76.5	67.5	76.75	
7	孙刚	管理系	男	80	88	83	251
8	陆斌	管理系	男	79	70	90	239
9		**管理系 平均值**		79.5	79	86.5	
10	陈凤	经济系	女	86	77	92	255
11	邹蕾	经济系	女	65	46	72	183
12	彭佩	经济系	女	77	86	80	243
13	史匀	经济系	男	94	83	89	266
14		**经济系 平均值**		80.5	73	83.25	
15		**总计平均值**		78.7	72	81.3	

图 3-13　各系学生各门课程的平均成绩

（2）创建数据透视表

打开“E:\Excel”下的“E4. xlsx”文件，选中学生成绩表中的任意单元格，单击“插入”选项卡的“表格”组的“数据透视表”按钮，打开“创建数据透视表”对话框。确认选择要分析的数据的区域(如果系统给出的区域选择不正确，用户可用鼠标自己选择区域)及数据透视表的位置(一般放在新建工作表中)，然后单击“确定”按钮。此时，出现“数据透视表字段”任务窗格，把要分类的字段“单位”拖入“行”位置，“性别”拖入“列”位置，使之成为透视表的行、列标题，要汇总的字段“性别”拖入“值”位置，如图 3-14 所示，其结果如图 3-15 所示。单击“文件”按钮，在菜单中选择“另存为”命令，在“另存为”界面中单击“浏览”按钮，打开“另存为”对话框，在地址栏中选择或输入“E:\Excel”，在“文件名”下拉组合框中输入文件名“E8”，单击“保存”按钮。

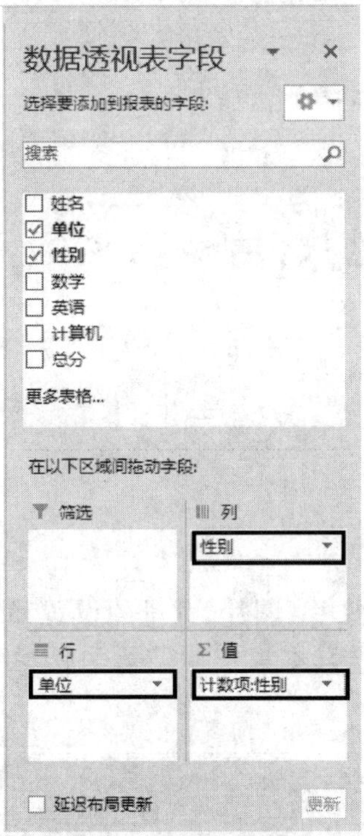

图 3-14 “数据透视表字段”任务窗格

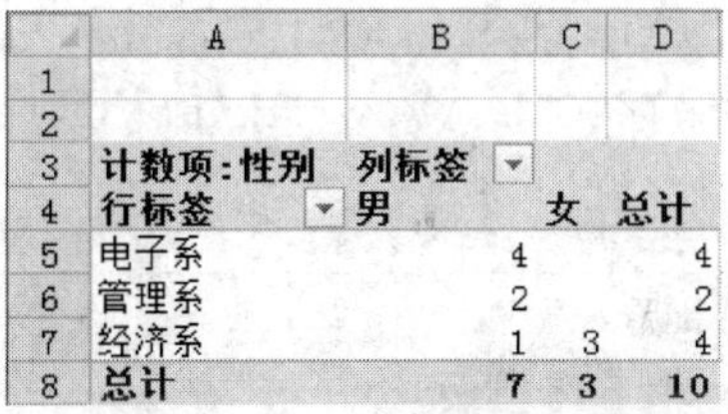

	A	B	C	D
1				
2				
3	计数项:性别	列标签		
4	行标签	男	女	总计
5	电子系	4		4
6	管理系	2		2
7	经济系	1	3	4
8	总计	7	3	10

图3-15 统计各系男生、女生的人数

4. 拓展任务:工资表的数据管理

①打开保存在“E:\Excel”下的“E2. xlsx”文件，复制工作表(不包括表格标题，不包括格式)到一个新工作簿中。文件保存在“E:\Excel”下，命名为“E9. xlsx”。

②对“E9. xlsx”文件中的工资表按基本工资降序排列，若基本工资相同，按津贴降序排列。排序结果另存在“E:\Excel”下，文件命名为“E10. xlsx”。

③在“E9. xlsx”文件中，筛选出基本工资大于 7 000 或基本工资小于 5 500 的记录。筛选结果另存在“E:\Excel”下，文件命名为“E11. xlsx”。

④在“E9. xlsx”文件中，求各部门基本工资、实发工资、奖金的平均值。分类汇总结果另存在“E:\Excel”下，文件命名为“E12. xlsx”。

⑤在求各部门基本工资、实发工资、奖金的平均值的基础上，继续对各部门基本工资、实发工资、奖金求和。汇总结果另存在“E:\Excel”下，文件命名为“E13. xlsx”。

⑥在“E9. xlsx”文件中，求各部门各职务的人数。数据透视表结果另存在“E:\Excel”下，文件命名为“E14. xlsx”。

第 4 章 PowerPoint 幻灯片演示实验

实验 4-1 制作幻灯片

1. 实验目的

①熟练掌握幻灯片的编辑操作。

②掌握美化幻灯片的方法。

2. 实验要求

创建“母亲节快乐”幻灯片，如图 4-1 所示，侧重于文字、图片、背景的设置和动作按钮的制作。文件保存在“E:\PowerPoint”下，命名为“P1. pptx”(本章实验若无另作说明则均在此文件中进行)。

单击此处添加副标题
祝您母亲节快乐
点点敬上

图 4-1 “母亲节快乐”幻灯片的创建

3. 实验步骤

(1)新建文件夹

进入 E 盘文件夹窗口，在空白处右击，在弹出的快捷菜单中选择“新建” →“文件夹”命令，输入文件夹名“PowerPoint”，按 Enter 键。

(2)新建幻灯片

启动 PowerPoint 2016，新建空白演示文稿，新幻灯片的默认版式为“标题幻灯片”。

(3)插入图片

单击“插入”选项卡的“图像”组的“图片”命令，打开“插入图片”对话框，插入“花朵”和“Happy Mother’s day”两张图片(其他相关图片也可)，适当调整两张图片的大小和位置。

(4)输入文本

在幻灯片的标题占位符中输入文本“祝您母亲节快乐”,在“开始”选项卡的“字体”组中设置字体为“华文行楷”,字号为“48”;在副标题占位符中输入“点点敬上”。适当调整标题占位符和副标题占位符的大小和位置。

(5)背景填充

将幻灯片背景填充色设置为渐变色。单击“设计”选项卡的“自定义”组的“设置背景格式”按钮,打开“设置背景格式”任务窗格,在“填充”选项卡中选中“渐变填充”单选按钮,单击“颜色”下拉按钮,在下拉菜单的“主题颜色”区中选择“橙色,个性色 2,淡色 60%”,如图 4-2 所示,单击“关闭”按钮。

(6)添加动作按钮

添加“返回”按钮,单击它可以回到第 1 张幻灯片。单击“插入”选项卡的“插图”组的“形状”下拉按钮,在下拉菜单的“动作按钮”区中选择“动作按钮:自定义”,将它画在幻灯片右下角的合适位置,在出现的“操作设置”对话框的“单击鼠标”选项卡中选中“超链接到”单选按钮,在下拉列表中选择“第一张幻灯片”,单击“确定”按钮。

在动作按钮上右击,在弹出的快捷菜单中选择“设置形状格式”命令,打开“设置形状格式”任务窗格。在“填充与线条”选项卡的“填充栏”中选中“渐变填充”单选按钮,单击“预设渐变”下拉按钮,在下拉菜单中选择“中等渐变-个性色 6”;单击“类型”下拉按钮,在下拉列表中选择“矩形”,单击“方向”下拉按钮,在下拉菜单中选择“从中心”;在“效果”选项卡的“三维格式”栏中单击“顶部棱台”下拉按钮,在下拉菜单中选择“艺术装饰”,如图 4-3 所示,单击“关闭”按钮;在动作按钮上右击,在弹出的快捷菜单中选择“编辑文字”命令,输入“返回”,再选中文字,将字体颜色设置为黑色。

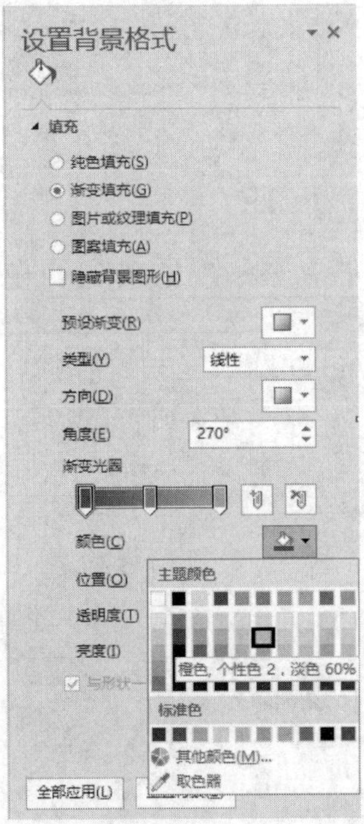

图 4-2　设置背景格式

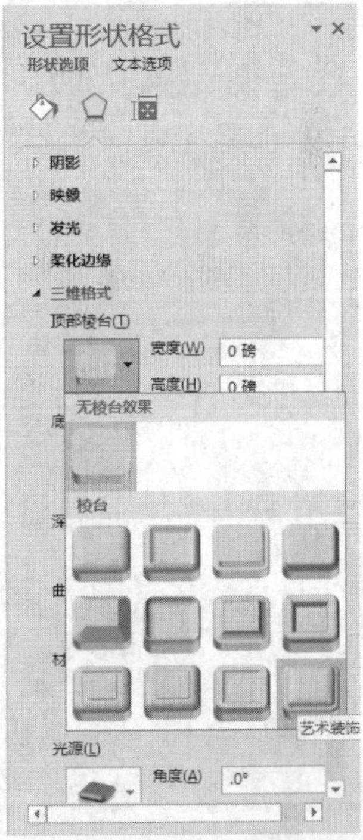

图 4-3　“返回”按钮的三维格式设置

(7)保存文件

单击“文件”按钮,在菜单中选择“保存”命令,在“另存为”界面中单击“浏览”按钮,打开“另存为”对话框,在地址栏中选择或输入“E:\PowerPoint”,在“文件名”下拉列表框中输入文件名“P1.pptx”,单击“保存”按钮。

实验4-2 设置图片动画

1. 实验目的

熟练掌握幻灯片的图片动画设置方法。

2. 实验要求

创建“父亲节快乐”幻灯片，如图4-4所示，侧重于图片的动画设置和幻灯片切换的动画设置。

Happy Father's Day
亲爱的爸爸
您辛苦啦！
点点敬上
Happy Father's Day
亲爱的爸爸
您辛苦啦！
点点敬上

图4-4 “父亲节快乐”幻灯片的创建

3. 实验步骤

(1)插入新幻灯片

单击“开始”选项卡的“幻灯片”组的“新建幻灯片”下拉按钮，在下拉菜单中选择“标题和内容”版式，插入一张新幻灯片。

(2)插入图片和输入文字

单击“插入”选项卡的“图像”组的“图片”按钮，打开“插入图片”对话框，选择“人物”和“烟嘴”图片(可选择其他图片)插入，适当调整各图片的大小和位置。依照图4-4输入需要的文字。

(3)幻灯片格式化

单击“设计”选项卡的“自定义”组的“设置背景格式”按钮，打开“设置背景格式”任务窗格。在“填充”选项卡中选中“图片或纹理填充”单选按钮，单击“纹理”下拉按钮，在下拉菜单中选择“绿色大理石”，单击“关闭”按钮。删除项目符号，利用“开始”选项卡的“字体”组的相应按钮将幻灯片上的所有文字的颜色改为“白色”；将“您辛苦啦！”和“点点敬上”的字体设置为“楷体”，字号设置为“32”；将“亲爱的爸爸”设置为“华文隶书”“46”；将标题文本“Happy Father's Day”设置为“Arial Narrow”“倾斜”“48”。适当调整各文本框的大小和位置。

(4)设置动画效果

选中“人物”图片，切换至“动画”选项卡，在“动画”组的动画库中“进入”区选择“飞入”，再单击“动画”组中的“效果选项”下拉按钮，在下拉菜单中选择“自右侧”命令。选中“Happy Father's Day”，在“动画”组中的动画库中选择“更多进入效果”命令，打开“更改进入效果”对话框。在“温和型”区选择“回旋”，如图4-5所示，单击“确定”按钮。再在“计时”组的“开始”下拉列表中选择“上一动画之后”，在“延迟”微调框中选择或输入“1”，表示动画开始的时间是在上一个动画播放完毕 1 s后。切换至“切换”选项卡，在“切换到此幻灯片”组的幻灯片切换库中的“华丽型”区选择“涡流”。

（5）添加“返回”动作按钮

方法与实验 4-1 中相同。

图 4-5　设置“回旋”动画效果

实验 4-3 设置文字动画

1. 实验目的

掌握幻灯片的文字动画设置方法。

2. 实验要求

创建“朋友的问候”幻灯片，如图 4-6 所示，侧重于文字的动画设置。

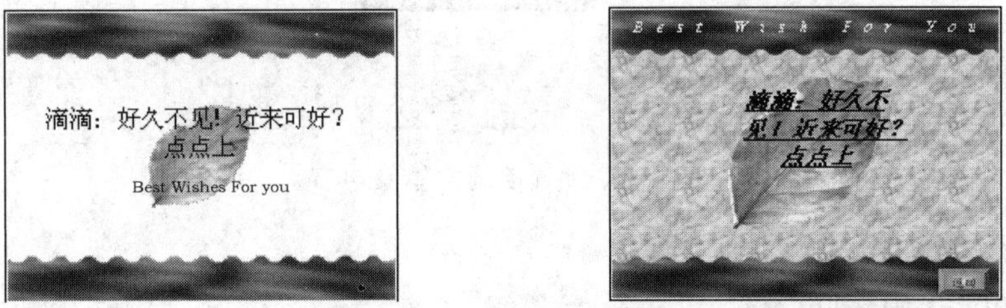
滴滴：好久不见！近来可好？
点点上
Best Wishes For you
Best Wish For You
滴滴：好久不见！近来可好？
点点上

图 4-6 “朋友的问候”幻灯片创建

3. 实验步骤

(1)插入新幻灯片

单击“开始”选项卡的“幻灯片”组的“新建幻灯片”下拉按钮，在下拉菜单中选择“标题幻灯片”版式，插入一张新幻灯片。

(2)插入图片和输入文字

单击“插入”选项卡的“图像”组的“图片”按钮，打开“插入图片”对话框，选择“上花边”、“下花边”和“绿叶”图片(可以是其他相关图片)插入，适当调整各图片的大小和位置。右击“绿叶”图片，在弹出的快捷菜单中选择“置于底层”→“置于底层”命令，使图片位于文字下方。依照图 4-6 输入需要的文字。

(3)幻灯片格式化

单击“设计”选项卡的“自定义”组的“设置背景格式”按钮，打开“设置背景格式”任务窗格。在“填充”选项卡中选中“图片或纹理填充”单选按钮，单击“纹理”下拉按钮，在下拉菜单中选择“白色大理石”，单击“关闭”按钮。利用“开始”选项卡的“字体”组和“段落”组中的相应按钮将“滴滴：好久不见！近来可好？点点上”设置为“44”“加粗”“倾斜”“下划线”，对齐方式为“居中”；将副标题“Best Wishes For You”设置为“Times New Roman”“28”“加粗”“倾斜”“白色”，对齐方式为“分散对齐”。适当调整各文本框的大小和位置。

(4)设置动画效果

选中“绿叶”图片，用前面介绍的方法设置动画进入效果为“形状”。选中“滴滴：好久不见！近来可好？点点上”，设置动画进入效果为“缩放”，并设置动画文本为“按字母”，声音效果为“打字机”。这可以通过单击“动画”选项卡的“动画”组右下角的对话框启动器，打开“缩放”对话框进行设置。在“效果”选项卡的“增强”栏的“声音”下拉列表中选择“打字机”，在“动画文本”下拉列表框中选择“按字母”，如图 4-7 所示，单击“确定”按钮。切换至“切换”选项卡，在

“切换到此幻灯片”组的幻灯片切换库中的“华丽型”区选择“框”。

图 4-7　设置动画文本及声音

（5）添加动作按钮

方法与实验 4-1 中相同。

实验 4-4 设置超链接

1. 实验目的

熟练掌握超链接的设置方法。

2. 实验要求

创建“贺卡”幻灯片，如图 4-8 所示。侧重于文字超链接的设置。

图 4-8 “贺卡”幻灯片的创建

3. 实验步骤

(1)插入新幻灯片

单击“开始”选项卡的“幻灯片”组的“新建幻灯片”下拉按钮，在下拉菜单中选择“标题和内容”版式，插入一张新幻灯片。

(2)插入图片和输入文字

单击“插入”选项卡的“图像”组的“图片”按钮，打开“插入图片”对话框，选择“树叶”图片(可以是其他相关图片)插入，适当调整图片的大小和位置。依照图 4-8 输入需要的文字。

(3)幻灯片格式化

单击“设计”选项卡的“自定义”组的“设置背景格式”按钮，打开“设置背景格式”任务窗格。在“填充”选项卡中选中“渐变填充”单选按钮，单击“预设渐变”下拉按钮，在下拉菜单中选择“中等渐变-个性色 6”；单击“类型”下拉按钮，在下拉列表中选择“线性”，单击“方向”按钮，在下拉菜单中选择“线性对角-左上到右下”，如图 4-9 所示，单击“全部应用”按钮。

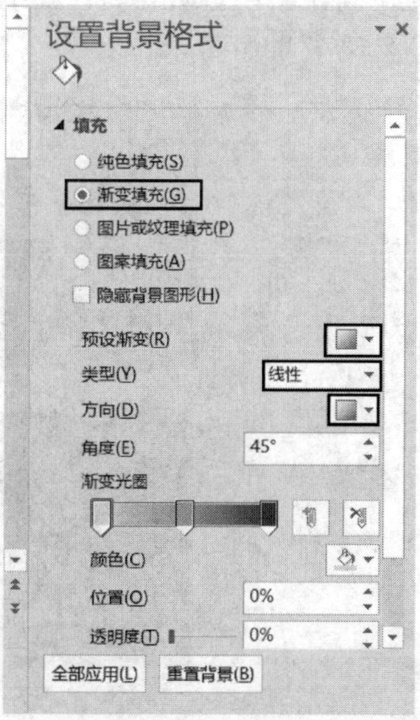

图 4-9 “贺卡”幻灯片背景格式的设置

选中标题下的文本，单击“开始”选项卡的“段落”组的“项目符号”下拉按钮，在下拉菜单中选择“项目符号和编号”命令，打开“项目符号和编号”对话框。在“项目符号”选项卡中单击“自定义”按钮，打开“符号”对话框，在“字体”下拉列表中选择“Wingdings”，将项目符号定义为“❖”，颜色设置为“黄色”。利用“开始”选项卡的“字体”组的相应按钮将“温馨贺卡”设置为“华文行楷”“66”“黄色”；将“母亲节快乐”、“父亲节快乐”和“朋友的问候”设置为“方正舒体”“32”。适当调整各文本框的大小和位置。

(4)设置动画效果

选中“母亲节快乐”“父亲节快乐”“朋友的问候”，用实验4-3介绍的方法设置动画效果为从底部飞入。单击“切换”选项卡，在“切换到此幻灯片”组的幻灯片切换库中的“动态内容”区选择“旋转”。

(5)设置超链接

选中文本“母亲节快乐”，单击“插入”选项卡的“链接”组的“超链接”按钮，打开“插入超链接”对话框。在“链接到”栏中单击“本文档中的位置”，在“请选择文档中的位置”列表框中单击“1.祝您母亲节快乐”，如图4-10所示，然后单击“确定”按钮。用同样的方法将“父亲节快乐”“朋友的问候”超链接到相应的幻灯片上。

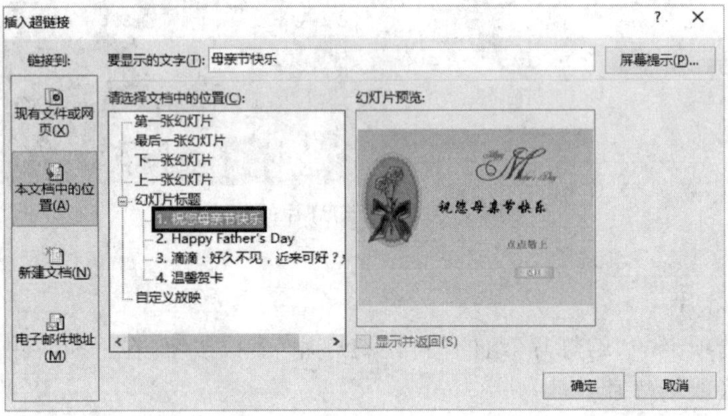

图4-10 “插入超链接”对话框设置

在左侧窗格中，单击“贺卡”幻灯片，按住鼠标左键将其拖曳到第1张幻灯片的位置。演示文稿的最终效果如图4-11所示。

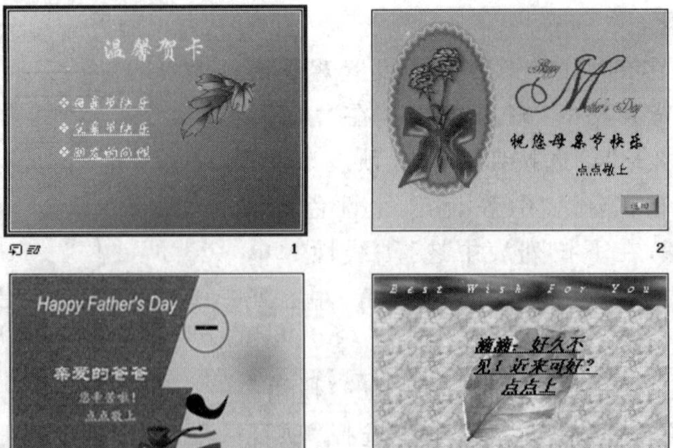

图4-11 演示文稿的最终效果

实验 4-5 设置背景音乐和放映方式

1. 实验目的

①掌握在演示文稿中插入背景音乐的方法。

②掌握放映演示文稿的方法。

2. 实验要求

①在演示文稿中插入背景音乐，并设置背景音乐的播放方式。要求放映开始时播放背景音乐，一直到放映结束，播放背景音乐时不显示声音图标。

②设置放映方式为“演讲者放映”及“循环放映，按 ESC 键终止”，放映演示文稿并观看播放效果。

3. 实验步骤

(1)插入背景音乐

选中第 1 张幻灯片，单击“插入”选项卡的“媒体”组的“音频”下拉按钮，在下拉菜单中选择“PC 上的音频”，打开“插入音频”对话框，选择背景音乐“致爱丽丝. mp3”(也可以是其他音乐)，单击“插入”按钮。单击“动画”选项卡的“高级动画”组的“动画窗格”按钮，打开“动画窗格”任务窗格，在动画列表中单击音频“致爱丽丝. mp3”的下拉按钮，在下拉菜单中选择“效果选项”命令，打开“播放音频”对话框。在“效果”选项卡的“停止播放”栏中设置“在 4 张幻灯片后”，如图 4-12 所示，表示声音一直播放，到 4 张幻灯片全部放映完毕后停止。再选中“声音”图标，在出现的“音频工具-播放”选项卡的“音频选项”组中选中“放映时隐藏”复选框。

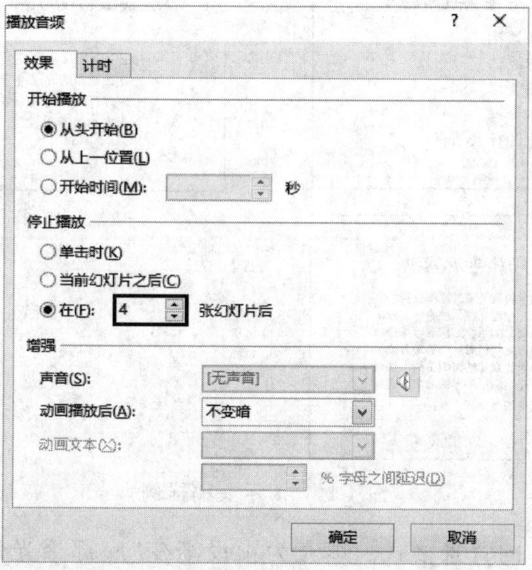

图 4-12 设置声音停止播放时间

（2）设置放映方式

单击“幻灯片放映”选项卡的“设置”组的“设置放映方式”按钮，打开“设置放映方式”对话框。选中“演讲者放映（全屏幕）”单选按钮及“循环放映，按 ESC 键终止”复选框，如图 4-13 所示，单击“确定”按钮。然后按功能键 F5 观看演示文稿的播放效果。

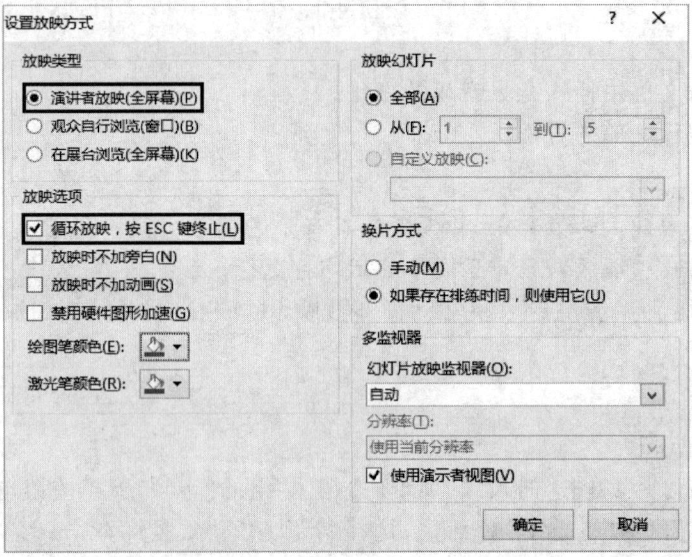

图 4-13 “设置放映方式”对话框

4. 拓展任务 1：按要求设计幻灯片文档

创建一个空白演示文稿，在其中输入如图 4-14 所示的内容，并按要求完成下列操作。

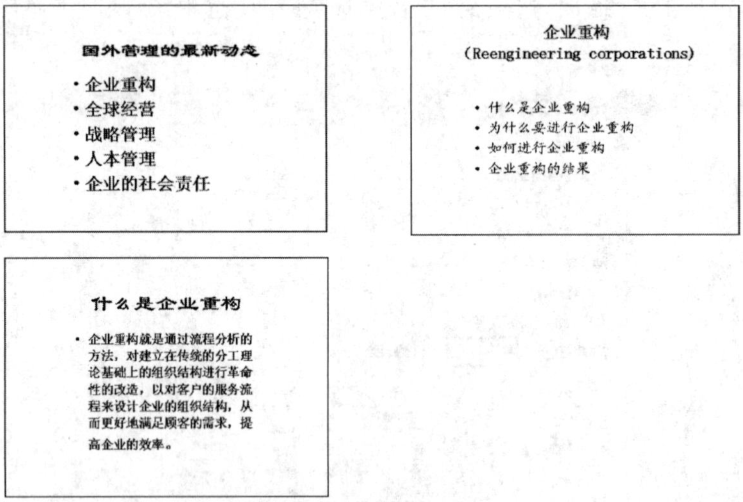

图 4-14 演示文稿样例

①设置第 1 张幻灯片的背景格式。填充为预设渐变“底部聚光灯-个性色 4”，类型为“射线”，方向为“从中心”。

②应用“画廊”主题修饰演示文稿。

③将全部幻灯片的切换效果设置为“从右上部擦除”，换片方式为每隔 5 s 自动换片。

④将第 3 张幻灯片的版式改为“竖排标题与文本”。

⑤将演示文稿保存在“E:\PowerPoint”下，文件名为“P2. pptx”。

5. 拓展任务 2：自选题材设计幻灯片文档

收集文字和相关素材制作一个演示文稿，尽量用到学过的演示文稿的编辑、美化、动画技术、超链接技术等相关知识。

6. 拓展任务 3：设计介绍学校的幻灯片文档

参考图 4-15 设计一个介绍自己所在学校的演示文稿。

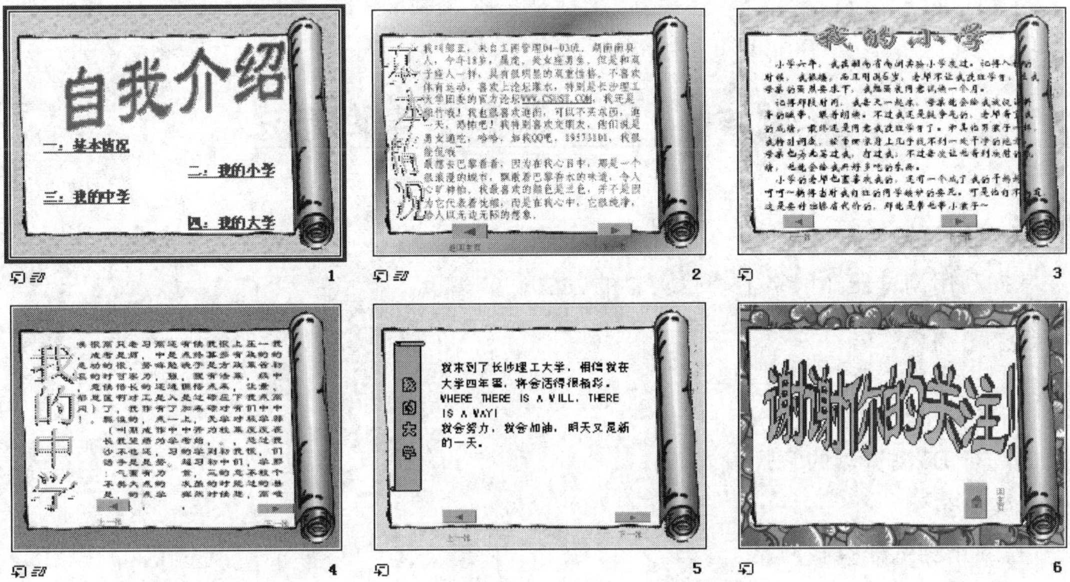
自我介绍
一：基本情况
二：我的小学
三：我的中学
四：我的大学
1
2
3
我的中学
4
我的大学
我来到了长沙理工大学，相信我在大学四年里，将会活得很精彩。
WHERE THERE IS A WILL, THERE IS A WAY!
我会努力，我会加油，明天又是新的一天。
5
谢谢你的关注!
6

图 4-15　自我介绍演示文稿

第 5 章

信息检索实验

实验 5-1 因特网信息查询方法

1. 实验目的

掌握利用浏览器在网络上查找资料的方法。

2. 实验要求

①利用浏览器查找网站。

②利用搜索引擎查找资料。

③进行 IE 浏览器的常规设置。

3. 实验步骤

(1)利用浏览器查找网站

双击桌面上的“Internet Explorer”图标(以下简称 IE,若桌面上不存在此图标,可在“开始”菜单的“Windows 附件”中查找),然后在 IE 浏览器地址栏中输入需要查找网站的域名,即可找到需要的网站。例如,若想查找“网易”网站,则只要在 IE 浏览器地址栏中输入“www.163.com”,按 Enter 键后即可打开“网易”站点的首页,如图 5-1 所示。

(2)利用搜索引擎查找信息

在 IE 浏览器地址栏中输入“www.baidu.com”并按 Enter 键,这时浏览器将打开“百度”网站的首页。在百度搜索栏中输入需要查找资料的关键词并按 Enter 键,即可搜索到内容与关键词相关的网页。单击网页上的超链接,就可以打开相应的网页。例如,查找内容与“大数据”这个关键词相关的网页,只需要在百度搜索栏中输入“大数据”并按 Enter 键,如图 5-2 所示。

(3)IE 浏览器常规设置

初级应用者基本上不需要更改 IE 浏览器的默认设置,就可以直接上网浏览。但是若想在使用 IE 浏览器时得心应手,则需要用户根据自己的喜好对 IE 浏览器的设置进行改动。

在 IE 浏览器中选择“工具”→“Internet 选项”命令,打开“Internet 选项”对话框,切换至“常规”选项卡,如图 5-3 所示,可以对 IE 浏览器的一些常规属性进行设置。

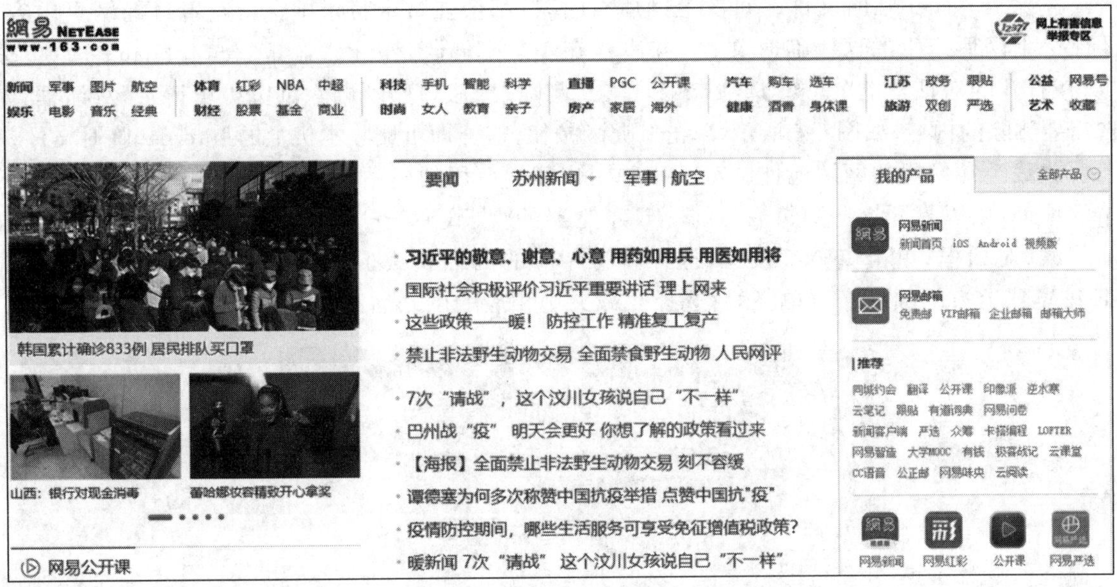

图 5-1 网易网站首页

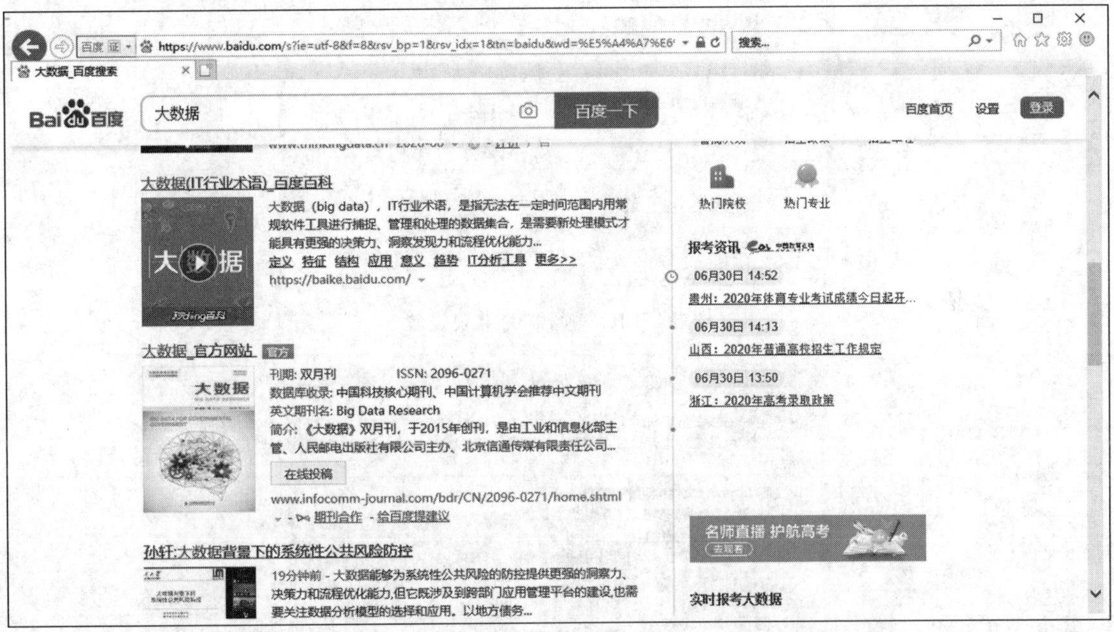

图 5-2 利用百度进行网页搜索

初始页(主页)的设置。初始页是指浏览器打开时首先链接的站点页面。用户每次启动 IE 浏览器时,IE 浏览器总是先自动打开初始页。可以通过在地址栏中输入地址来设定初始页,还可以在链接到该站点后选择“使用当前页”。将初始页设为特定的站点的主页时,可以使 IE 浏览器在启动时直接转入指定的主页,这对于经常访问某个网站或者特别喜欢某个网站的用户而言,会方便一些。选择好初始页之后,单击“确定”按钮即可,IE 浏览器下次启动时,就会自动打开该网页。

删除 Internet 临时文件。每次上网后，计算机都会在特定目录中保留查看过的网页内容，要删除上网后产生的这些临时文件，方法是在 IE 浏览器中选择“工具”→“Internet 选项”命令，在打开的对话框的“常规”选项卡中，单击“删除”按钮，打开“删除浏览历史记录”对话框，勾选需要删除的内容，如图 5-4 所示，单击“删除”按钮，这样即可删除本机上的 Internet 临时文件。

收藏经常使用的网站地址。对于一些用户经常使用的网站，如新闻、资料、图片、邮箱等网站的地址，可以打开这些网页后，选择 IE 浏览器的“收藏夹”→“添加到收藏夹”命令，打开“添加收藏”对话框，单击“确定”按钮，这样就将相应的网址收藏了。下次访问网站时，直接单击 IE 浏览器上方的“收藏”菜单，然后选择收藏夹中相应的网站名称，即可打开相应网站的网页。

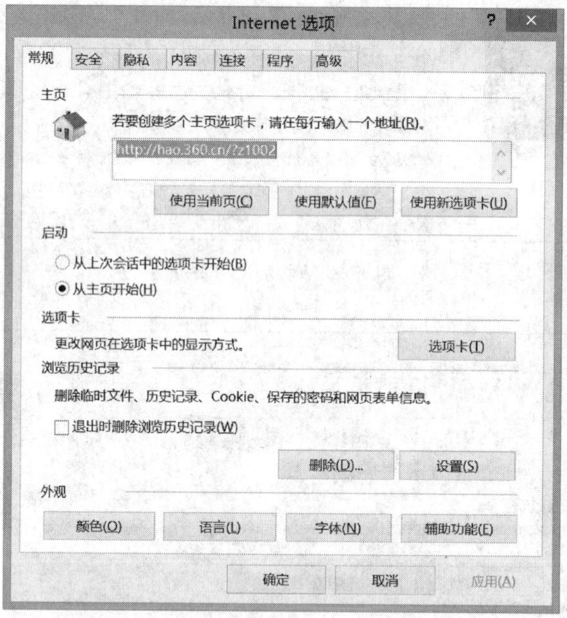

图 5-3　IE 浏览器的常规设置

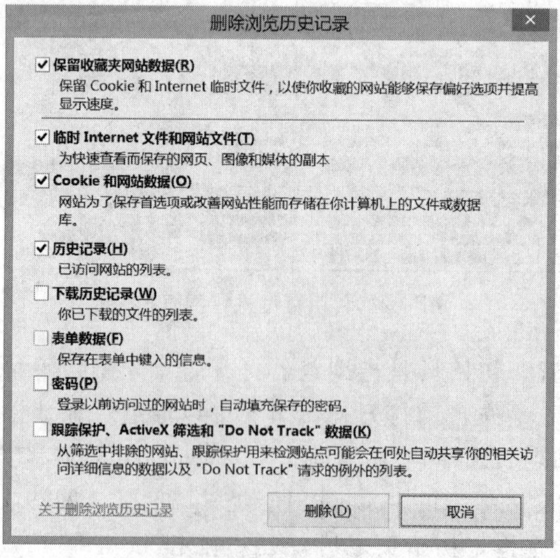

图 5-4　删除 Internet 临时文件

实验 5-2 保存与复制网页文件

1. 实验目的

①掌握保存文档的方法。

②掌握复制文档的方法。

③掌握解决文档格式混乱的方法。

2. 实验要求

①保存网页为多个文件。

②保存网页为单一文件。

③复制网页内容并粘贴到 Word 文档中。

3. 实验步骤

(1)保存网页为多个文件

当用 IE 浏览器浏览网页时,看到有用的资料,如果希望将它们保存下来,可以选择“文件”→“另存为”命令,然后在对话框中选择保存网页的路径,最后单击“保存”按钮即可。这样保存的网页文件为 Web 页,文件类型为 HTML 文件。

用以上方法保存网页时,会自动产生一个存放网页图片等素材的 files 文件夹,这个文件夹中的文件普遍较小,但是数量较多,当需要保存的网页文件较多时,计算机内的小文件比较多,查找和复制文件时系统运行效率低下。

(2)保存网页为单一文件

打开一个网页,选择“文件”→“另存为”命令,然后在对话框中的“保存类型”下拉列表中选择“Web 档案,单个文件(*.mht)”,如图 5-5 所示,这样 IE 浏览器就会把网页上的所有元素(包括文字和图片)集成保存在一个 MHT 类型的文件中,不管把这个文件放到哪台计算机上,打开后都是一张图文并茂的网页。

(3)复制网页内容并粘贴到 Word 文档中

打开一个网页,按 Ctrl+A 组合键全部选中网页内容,再按 Ctrl+C 组合键复制网页内容;然后打开 Word,建立一个空白页,按 Ctrl+V 组合键将网页内容粘贴到 Word 文档中。这时会发现网页内容与 Word 文档原有的格式、字体、行距等有很大的不同,网页中的各种样式、控制符等在 Word 中极不规范,用户不需要的一些信息也粘贴过来了,如图 5-6 所示。

(4)解决复制文档格式混乱问题

可以用以下方法解决复制时的格式混乱问题。

打开网页后,选择“文件”→“另存为”命令,在对话框中选择保存网页的路径,在“保存类型”下拉列表中选择“文本文件(*.txt)”,单击“保存”按钮,网页就保存为文本文件了。但是,网页中的图片、表格都会被清除，因为文本文件不支持图片与表格。可以采用以下方法解决这些问题。

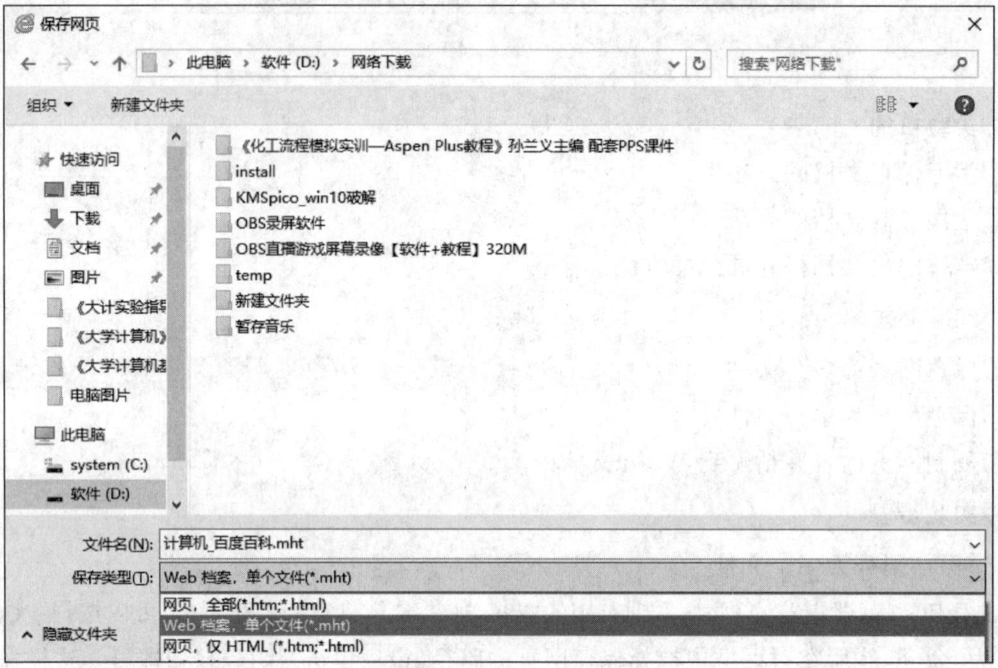

图 5-5 将网页保存为单一文件

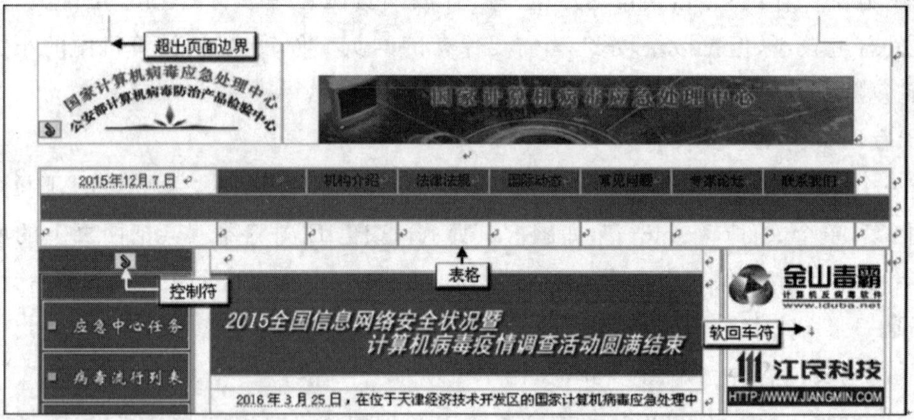

图 5-6 网页粘贴到 Word 文档中产生的混乱

打开刚保存的网页文件，按 Ctrl+A 组合键选中全部内容，再按 Ctrl+C 组合键复制网页内容；然后打开 Word，建立一个空白页，按 Ctrl+V 组合键将网页内容粘贴到 Word 文档中。

切换刚刚打开的网页，选中网页中的图片或表格，按 Ctrl+C 组合键复制；然后切换到 Word 文档，将光标移到图片或表格插入处，按 Ctrl+V 组合键，将图片或表格粘贴到 Word 文档中。

按 Ctrl+A 组合键选中 Word 文档中所有内容，单击“开始”选项卡中“样式”组的“其他”

按钮，如图 5-7 所示，选择下拉菜单中的“清除格式”命令。这样，文档的行距、字体、图片和表格将变得规范起来。

图 5-7　清除 Word 文档中的格式

对于 Word 文档中的软回车符，如图 5-8 所示，可以利用 Word 的“替换”功能清除。单击 Word“开始”选项卡中“编辑”组的“替换”按钮，打开“查找和替换”对话框，在“查找内容”下拉组合框中输入“^l”(软回车符标记)，在“替换为”下拉组合框中输入“^p”(硬回车符标记)，然后单击“全部替换”按钮，如图 5-8 所示，则可清除文档中的全部软回车符。确认全部替换后，关闭“查找和替换”对话框。

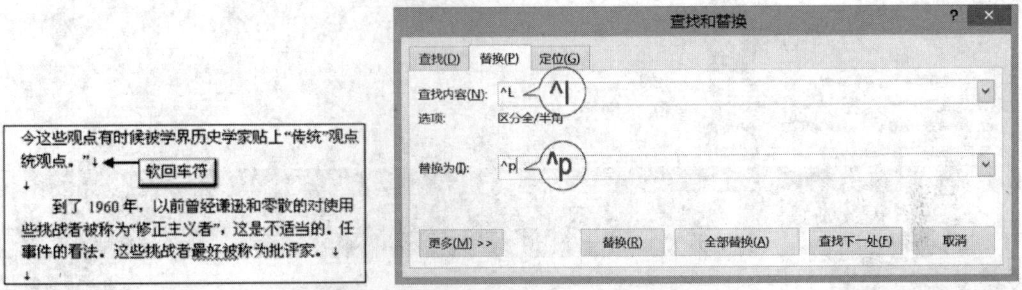

图 5-8　清除 Word 文档中的软回车符

4. 拓展任务：利用搜索引擎检索指定主题的文献

利用“百度”搜索引擎查找关于“旅游”的资料，查找一个带有图片的网页文件，将网页内容复制、粘贴到 Word 文档中，并去除各种不规范的格式。

实验5-3 检索与阅读期刊论文

1. 实验目的

掌握从网络上检索和下载期刊论文的方法。

2. 实验要求

①从因特网进行期刊论文检索。

②从校园网进行期刊论文检索。

3. 实验步骤

(1)用因特网检索期刊论文

中国知网(以前称为中国期刊网)是中国知识基础设施工程(China National Knowledge Infrastructure,CNKI)的一个重要组成部分,CNKI是目前中文信息量规模较大的数字图书馆,内容涵盖了自然科学、工程技术、人文与社会科学期刊、博硕士论文、报纸、图书、会议论文等公共知识信息资源。

打开IE浏览器,在地址栏中输入"https://www.cnki.net/",按Enter键进入中国知网,如图5-9所示。

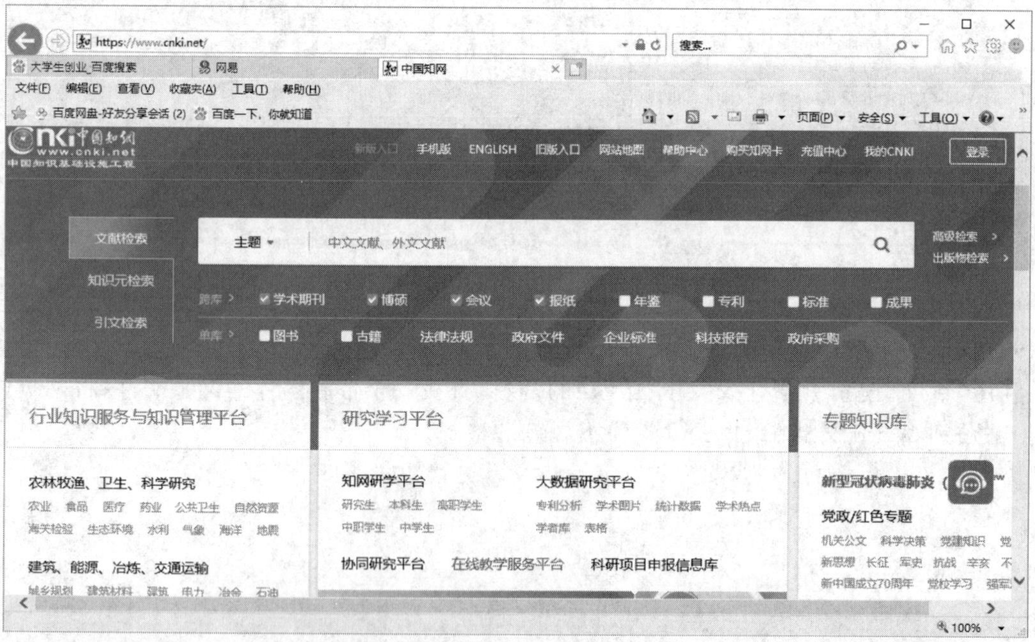

图5-9 CNKI中国知网主页

由于中国知网是一个有偿服务网站,因此个人用户注册交费后才能使用期刊查找服务。有部分学校和企业采用团体付费的方法,网站会提供给这些团体用户一个用户名和密码,这时输入服务商提供的用户名和密码就可以登录了。图5-10所示是从某学校内网登录后的界面。

图 5-10　CNKI 中国知网镜像站点登录后界面(从某学校内网登录)

(2)校园网期刊论文检索

大部分高校都购买了中国知网的镜像网站，教师和学生直接从校园网就可以登录，无须输入用户名和密码。

例如，登录校园网，选择“图书馆”栏目，打开“CNKI 知识网络服务平台”，就可以进入中国知网的镜像站点。

在中国知网镜像站点栏目的检索项下拉列表中选择按论文“主题”检索，如图 5-11 所示，然后在检索词栏目内输入“人工智能　农业产业”，单击“检索”按钮，这时就可以检索到论文主题中带有“人工智能　农业产业”关键词的论文。

图 5-11　CNKI 中国知网镜像站点论文检索

然后在结果中选择需要下载的论文，如列表中的《人工智能在农业产业园中应用的困境及对策》一文。如图 5-12 所示，在下面的信息栏中会出现这篇论文的两种存储格式，右击“PDF下载”按钮，在弹出的快捷菜单中选择“目标另存为”命令，再选择存储的位置，然后单击“保存”按钮，即可将论文下载到本机中。

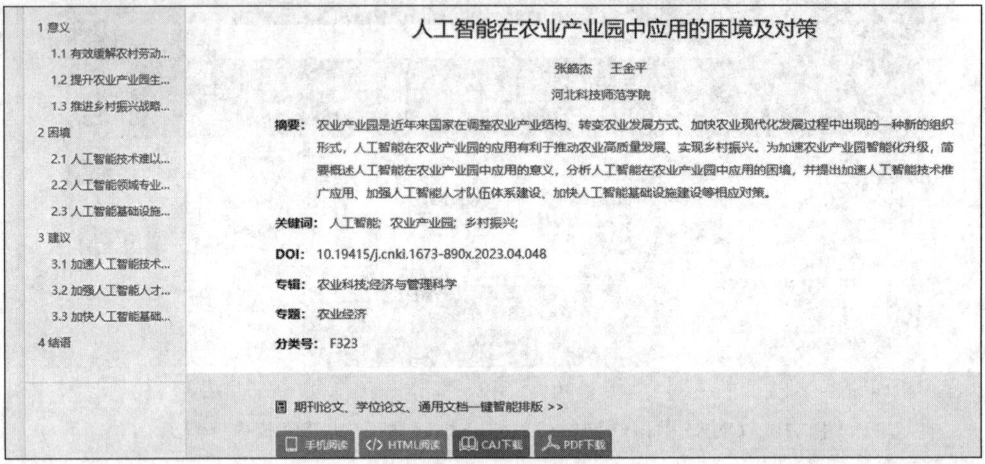
1 意义
1.1 有效缓解农村劳动...
1.2 提升农业产业园生...
1.3 推进乡村振兴战略...
2 困境
2.1 人工智能技术难以...
2.2 人工智能领域专业...
2.3 人工智能基础设施...
3 建议
3.1 加速人工智能技术...
3.2 加强人工智能人才...
3.3 加快人工智能基础...
4 结语
人工智能在农业产业园中应用的困境及对策
张皓杰 王金平
河北科技师范学院
摘要：农业产业园是近年来国家在调整农业产业结构、转变农业发展方式、加快农业现代化发展过程中出现的一种新的组织形式，人工智能在农业产业园的应用有利于推动农业高质量发展、实现乡村振兴。为加速农业产业园智能化升级，简要概述人工智能在农业产业园中应用的意义，分析人工智能在农业产业园中应用的困境，并提出加速人工智能技术推广应用、加强人工智能人才队伍体系建设、加快人工智能基础设施建设等相应对策。
关键词：人工智能；农业产业园；乡村振兴；
DOI：10.19415/j.cnki.1673-890x.2023.04.048
专辑：农业科技经济与管理科学
专题：农业经济
分类号：F323
期刊论文、学位论文、通用文档一键智能排版 >>
手机阅读
HTML阅读
CAJ下载
PDF下载

图 5-12　论文下载页面

中国知网的期刊论文以 PDF 格式和 CAJ 格式两种文件格式存储，因此，在用户计算机中需要预先安装好 Adobe Acrobat Reader（读取 PDF 格式文件）或 CAJViewer 浏览器（读取 CAJ 格式文件）软件。

Adobe Acrobat Reader 是 Adobe 公司开发的用于打开 PDF(Portable Document Format) 文档的工具，可以使用 Adobe Reader 查看、打印和管理 PDF 文档。下载 Adobe Acrobat Reader 软件安装包，下载后进行软件安装。安装完成后，利用 Windows 的资源管理器找到下载的论文。如果计算机中已经安装了 Adobe Acrobat Reader 阅读器，双击所选的 PDF 格式文件名，就可以打开这篇论文，如图 5-13 所示。

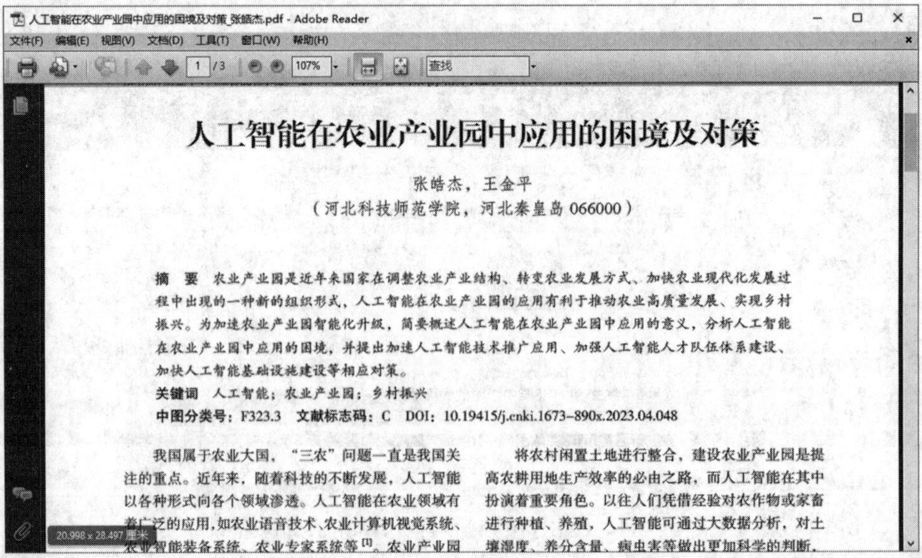
人工智能在农业产业园中应用的困境及对策_张皓杰.pdf - Adobe Reader
文件(F) 编辑(E) 视图(V) 文档(D) 工具(T) 窗口(W) 帮助(H)
1 / 3
107%
查找
人工智能在农业产业园中应用的困境及对策
张皓杰，王金平
（河北科技师范学院，河北秦皇岛 066000）
摘　要　农业产业园是近年来国家在调整农业产业结构、转变农业发展方式、加快农业现代化发展过程中出现的一种新的组织形式，人工智能在农业产业园的应用有利于推动农业高质量发展、实现乡村振兴。为加速农业产业园智能化升级，简要概述人工智能在农业产业园中应用的意义，分析人工智能在农业产业园中应用的困境，并提出加速人工智能技术推广应用、加强人工智能人才队伍体系建设、加快人工智能基础设施建设等相应对策。
关键词　人工智能；农业产业园；乡村振兴
中图分类号：F323.3　文献标志码：C　DOI：10.19415/j.cnki.1673-890x.2023.04.048
我国属于农业大国，“三农”问题一直是我国关注的重点。近年来，随着科技的不断发展，人工智能以各种形式向各个领域渗透。人工智能在农业领域有着广泛的应用，如农业语音技术、农业计算机视觉系统、农业智能装备系统、农业专家系统等[1]。农业产业园
将农村闲置土地进行整合，建设农业产业园是提高农耕用地生产效率的必由之路，而人工智能在其中扮演着重要角色。以往人们凭借经验对农作物或家畜进行种植、养殖，人工智能可通过大数据分析，对土壤湿度、养分含量、病虫害等做出更加科学的判断。
20.998 x 28.497 厘米

图 5-13　利用 Adobe Acrobat Reader 查看论文内容

4. 拓展任务:利用文献数据库检索指定主题的文献

在校园网的期刊站点中,下载相关专业论文(PDF 格式),并将论文保存为文本文件(TXT 格式)。

实验提示:

①明确需求。撰写学年论文、毕业论文时,需要参考大量的期刊论文。充分利用大学校园内部的数字图书馆期刊论文库,是每个大学生必须掌握的基本技能。

②解决方法。大学的数字图书馆一般购买了几个期刊数据库,这些数据库可以通过校园网内部进行访问(不对外网开放)。

③实验步骤。确定课程论文的主题→登录学校数字图书馆→选择期刊论文库→在检索词栏目中输入关键字进行检索,也可以按篇名、作者等关键词进行检索→保存检索文件→利用编辑软件(如 Adobe Acrobat Reader),将 PDF 文档导出为文本文档。

注意事项:

少部分 PDF 文档进行了版权保护,不能导出为文本文件;有些 PDF 文档的内容为 JPG 图片格式文件,也不能导出为文本文件。

实验 5-4 不同文档格式的转换

1. 实验目的

了解不同的文档格式并掌握它们之间的转换方法。

2. 实验要求

①理解 PDF 格式。

②利用 Adobe Acrobat 将文档转换为 PDF 格式文档。

③在 Office 2016 中将 Word 文档转换为 PDF 格式文档的方法。

3. 实验步骤

(1)PDF 格式文档的特征

PDF 文档使用 Adobe 公司开发的 PostScript 语言（一种页面描述语言）进行文档格式描述，该语言内置于许多打印机，大多数 Windows 和 Linux 系统中的应用程序都能创建供打印的 PostScript 文件。PostScript 语言目前已成为印刷出版业的专业格式。

利用 Adobe Acrobat Reader 虽然可以阅读 PDF 文档，但是无法创建 PDF 文档。创建 PDF 文档需要 Adobe 公司推出的 Adobe Acrobat 文档编辑软件。这个软件较大（大约 180 MB），使用方法复杂，是一款专业性很强的出版编辑软件。

TXT、HTML、DOC、JPG 等格式的文档，可以导入 Adobe Acrobat 软件中进行编辑。利用 Adobe Acrobat 编辑软件，还可以在 PDF 文档中插入图片、音频、视频、Flash 动画等多媒体素材。Adobe Acrobat 可以对 PDF 文档进行水印、设置只读、不允许复制等版权保护措施。Adobe Acrobat 软件工作界面如图 5-14 所示。

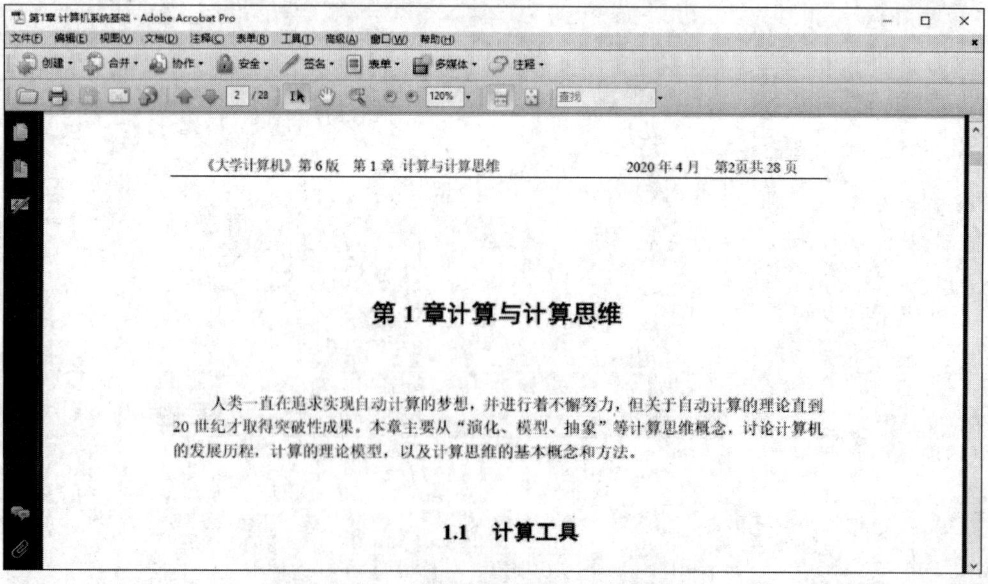
第1章 计算机系统基础 - Adobe Acrobat Pro
《大学计算机》第6版 第1章 计算与计算思维
2020年4月 第2页共28页
第1章计算与计算思维
人类一直在追求实现自动计算的梦想，并进行着不懈努力，但关于自动计算的理论直到20世纪才取得突破性成果。本章主要从“演化、模型、抽象”等计算思维概念，讨论计算机的发展历程，计算的理论模型，以及计算思维的基本概念和方法。
1.1 计算工具

图 5-14 Adobe Acrobat 软件工作界面

(2)利用 Adobe Acrobat 将文档转换为 PDF 文档

运行 Adobe Acrobat 软件,选择“文件”→“打开”,打开“打开”对话框,在“文件类型”下拉菜单中选择“所有文件(*.*)”,然后选择要导入的文档,单击“打开”按钮,就可以将文件导入 Adobe Acrobat 软件中了。在 Adobe Acrobat 中对文档进行编辑后,选择主菜单“文件”→“另存为”命令,在打开的对话框中选择保存 PDF 文档的目录和文件名称,单击“保存”按钮,就可以将其他格式文档保存为 PDF 文档了。

(3)利用 Office 2016 将 Word 文档转换为 PDF 格式文档

如果利用 Office 软件进行文档编辑,然后再将编辑好的 Office 文档(如 Word 文档)转换为 PDF 文档,就简单多了。在 Word 2007 中,用户在安装 Microsoft Save as PDF 插件(可在因特网下载)后才能将 Word 文档保存为 PDF 文件。而 Word 2016 具有直接将 Word 文档另存为 PDF 文件的功能,具体操作步骤如下。

运行 Word 2016,打开需要编辑的文档,然后选择“文件”→“另存为”→“浏览”,打开“另存为”对话框中,选择“保存类型”为“PDF”,如图 5-15 所示。然后选择 PDF 文件的保存位置并输入 PDF 文件名称,单击“保存”按钮即可。

完成 PDF 文件保存后,如果当前系统安装有 PDF 阅读工具(如 Adobe Acrobat Reader),则保存生成的 PDF 文件将会自动打开。

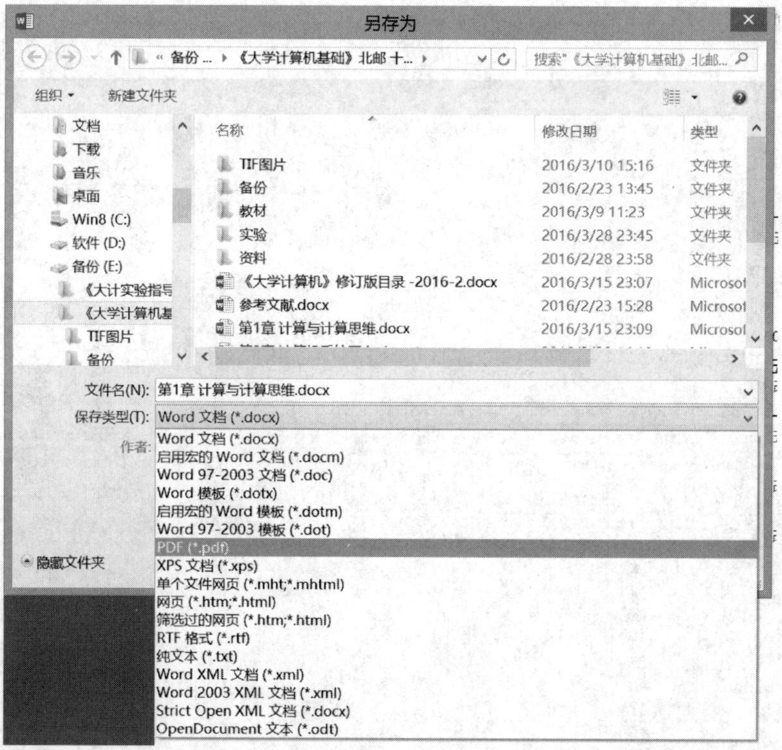

图 5-15　Word 2016“另存为”对话框

4. 拓展任务:将 Word 文档转换为 PDF 文档

下载一篇专业论文(DOC 或 PPT 格式),并将这篇论文保存为 PDF 格式文件。

实验提示：

①明确需求。文档格式转换需要编辑软件的支持。

②解决方法。利用 Adobe Acrobat、Microsoft Save as PDF 等软件进行转换。

③实验步骤。首先下载文档，然后利用 Word 对格式进行编辑，再利用 Adobe Acrobat 软件或 Word 的文件另存为功能，保存为 PDF 格式。

注意事项：

Adobe Acrobat 的文档编辑功能虽然非常强大，但是掌握起来比较困难。可以在 Word 中将文档编辑好后，再导入 Adobe Acrobat 中进行处理。另外，将 Word 或 PPT 文档转换为 PDF 文档非常简单方便，但是将 PDF 文档转换为 Word 或 PPT 文档非常困难。虽然 Adobe Acrobat 软件提供了这个功能，但是转换效果并不令人满意，其他转换软件也是如此。这是因为很多 PDF 文档中，加入了版权保护、多媒体插入等功能，转换软件不一定支持这些功能；另外，PDF 文档采用 PostScript 页面描述语言进行文档格式描述，而 Word 文档采用经过微软公司改造的 XML 页面描述语言进行文档格式描述，两个页面描述语言之间并不存在一一对应的关系。

第 6 章

信息发布实验

实验 6-1 编写简单 HTML 网页

1. 实验目的

①掌握利用 Windows 的记事本程序编辑 HTML 文件的方法。

②掌握网页文件的显示方法。

③掌握查看网页文件 HTML 源代码的方法。

2. 实验要求

利用记事本程序编写一个 HTML 文件，命名为“test. html”，保存在桌面上，该文件以网页形式打开后只展示一行文字“这是一个最简单的测试网页”。

3. 实验步骤

①在 Windows 系统下选择“开始”→“Windows 附件”→“记事本”命令。

②在记事本程序中，输入以下 HTML 代码。

```
<h1>这是一个最简单的测试网页</h1>
```

③选择“文件”→“另存为”命令，打开“另存为”对话框，选择文件保存位置为“桌面”，文件名为“test. html”，保存类型为“所有文件(＊. ＊)”(注意不要采用默认的文本文档类型)，如图 6-1 所示，单击“保存”按钮。

④在桌面双击“test. html”文件图标，显示效果如图 6-2 所示。

⑤在 IE 浏览器中，选择“查看”→“源”命令，可以查看网页源代码，如图 6-3 所示。

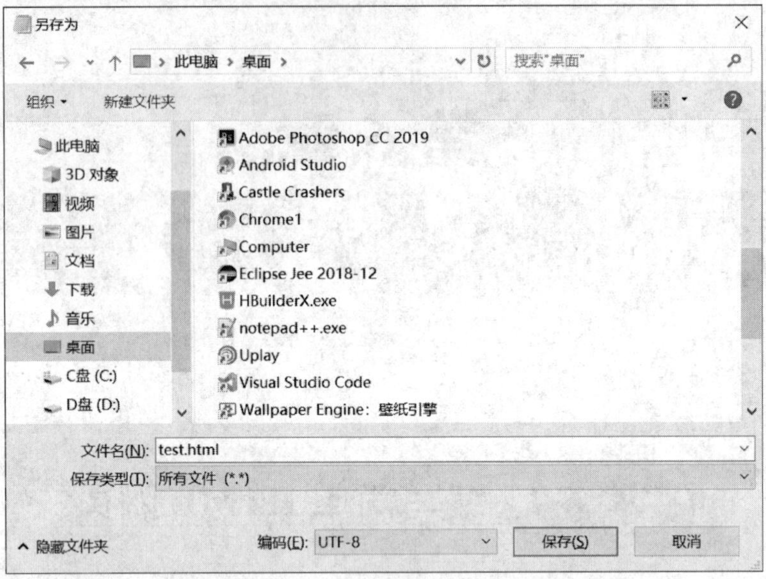

图 6-1　记事本程序保存 HTML 文件的方法

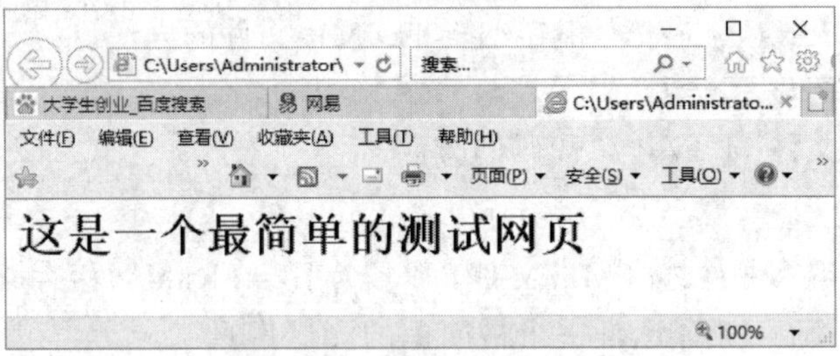

图 6-2　测试网页显示效果

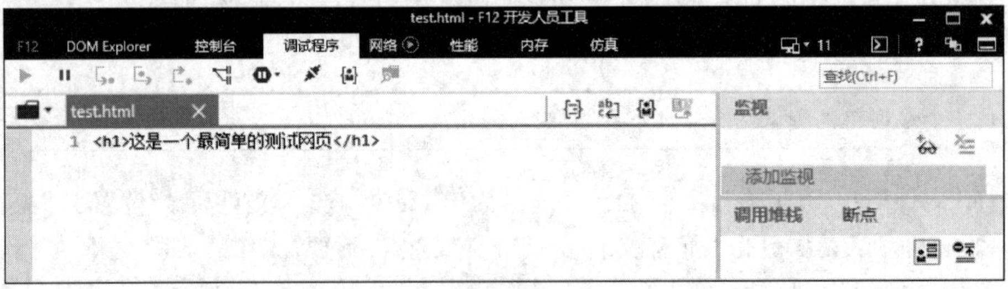

图 6-3　查看网页源代码

4. 补充阅读

HTML 的一些常用标签如下。

<HTML>……</HTML>：说明 HTML 文档的开始与结束。

<HEAD>……</HEAD>：网页头部标签，描述网页基本信息，如网页标题、说明信息和搜索关键字等。

<TITLE>……</TITLE>：指定浏览器显示标题的文字。

<BODY>……</BODY>：网页的主体标签，包括在网页中显示的文字、图片、表格、链

接、表单等所有内容。

＜Hn＞……＜/Hn＞：标题文字标签，设置标题字体大小，n 的值为 1～6，1 最小，6 最大。使用标题标签时，会将文字变成粗体字，并且自成一行。

＜P＞……＜/P＞：段落标签，不仅使后面的文字换行输出，还将在两个段落之间产生一个空行。

＜BR＞：换行标签，是非对称标签，可以连续使用多个＜BR＞标签来产生多个空行。

＜FONT size ＝n face＝字体名称 color＝颜色值＞文字＜/FONT＞：字体标签。

size＝n：n 为字号大小，n 的值为 1～7，1 最小，7 最大。

face＝字体名称：常用中文字体名称有宋体、黑体等，其他中文字体名称可以在“C：\Windows\Fonts”下查看。

color＝颜色值：颜色值是以“＃”号开头的 6 位十六进制数，取值范围为＃000000～＃FFFFFF，默认的字符颜色为黑色。常用颜色值有＃FF0000＝红，＃0080FF＝蓝，＃FFFF00＝黄，＃000000＝黑，＃FFFFFF＝白，＃808080＝灰等。

＜A href＝URL＞……＜/A＞：超链接标签，URL 为超链接文件的路径或网址。

＜IMG scr＝图片文件的 URL height＝图像高度 width＝图像宽度＞：图片标签。

＜marquee＞文字＜/marquee＞：文字移动标签，控制文字从右至左移动。

＜!--注释内容--＞：注释语句，注释语句可插入文本中任何位置，注释内容不会显示在网页中。

实验6-2 编写规范HTML网页

1. 实验目的

①熟悉规范的HTML标记方法。

②了解HTML文件的基本语法规则。

③了解网页页面标题的定义。

④了解HTML段落标签。

⑤了解HTML字体标签。

⑥了解HTML图片标签。

⑦了解HTML超链接标签。

2. 实验要求

在记事本程序中输入图6-4中的HTML代码,文件保存在"E:\web"下,命名为"index.html",然后在浏览器中打开查看效果。

```
<HTML>                                          //声明 HTML 文档开始//
<HEAD>                                          //标记页面首部开始//
<TITLE>测试</TITLE>                             //定义浏览器显示标题为"测试"//
</HEAD>                                         //标记页面首部结束//
<BODY>                                          //标记页面主体开始//
<FONT SIZE=3 >                                  //设置字体,值为 1~7,1 最小,7 最大//
<P>欢迎光临我的主页</P>                          //<P>为段落起始,</P>为段落结束//
<P>段落中,一行文字太多                           //字数太多时,可以回车换行//
时,可以回车换行</P>                              //这一行显示时,会紧接上一行的文字//
<P>这就是我:                                    //显示段落文字//
<IMG SRC=rw.jpg> </P>                           //显示本网页目录下的 rw.jpg 图片//
<P>我常去的网站:                                 //显示段落文字//
<A href=http://www.baidu.com>百度</A> </P>      //定义"百度"2 字的超链接网址//
</FONT>                                         //字体设置结束//
</BODY>                                         //标记页面主体结束//
</HTML>                                         //标记 HTML 文档结束//
```

图6-4 HTML文件基本结构实例

3. 实验步骤

①打开记事本程序,输入图6-4中的HTML代码。注意,右边"//"内的注释内容不需要输入。

②编辑完成后,将文件保存在"E:\web"下,文件名为"index.html"。

③利用任意方法获取一个合适的图片文件,命名为"rw.jpg",存放在"E:\web"下。

④双击打开"index.html"文件,显示效果如图6-5所示。

图 6-5　网页显示效果 1

4. 拓展任务：利用 HTML 编写简单网页

用记事本程序编辑 HTML 网页。要求网页标题为“HTML 实验”；第 1 行文字为 5 号、黑体、蓝色；以下段落文字为 3 号、宋体、黑色；在网页中插入图片；在网页中建立指向某个网站的超链接。网页显示效果如图 6-6 所示。

图 6-6　网页显示效果 2

实验提示：

①明确需求。实验任务标题文本、段落文本、字体类型、字体颜色、插入图片、文本超链接等问题。

②解决方法。了解涉及以上问题的 HTML 语句，然后在文本编辑器中编写 HTML 代码，再用浏览器测试网页。

③实验步骤。在因特网上收集一个图片→利用 Windows 中的画图程序，对图片的大小进行编辑→利用 Windows 中的记事本程序编辑 HTML 代码→测试网页。

注意事项：

HTML 网页设计中常见问题的解决方法如下。

如果网页不能显示，可能是文件保存时采用了记事本程序默认的文本文档(. txt)类型。注意，网页保存时，文件扩展名一定为“. html”，保存类型要选择“所有文件(＊. ＊)”。

图片不能显示的原因有很多，可能是图片和网页没有保存在同一个目录中；或者是 HTML 中图片路径设置错误；或者是图片扩展名错误；等等。

实验 6-3 制作滚动文字公告栏

1. 实验目的

①了解<marquee>标签的基本功能。

②掌握滚动文字公告栏的设计方法。

2. 实验要求

制作一个展示滚动文字公告栏的网页,效果如图 6-7 所示,文件名为"ggl.html",保存在"E:\web"下。

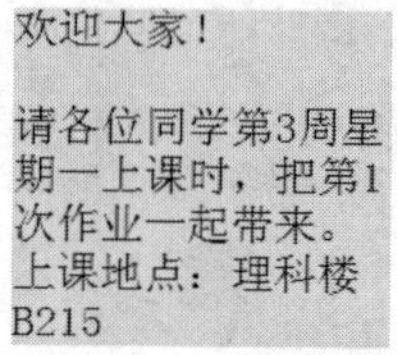
欢迎大家!
请各位同学第3周星期一上课时，把第1次作业一起带来。
上课地点：理科楼B215

图 6-7 滚动公告栏效果

完整文字内容如下。

```
欢迎大家!
请各位同学第 3 周星期一上课时,把第 1 次作业一起带来。
上课地点:理科楼 B215
课件下载:
1.学校网络课堂。
2.教师 FTP 站点。
3.教师 QQ 群。
作业要求:
1.独立完成。
2.不要抄书。
```

3. 实验步骤

①打开记事本程序,输入图 6-8 中的 HTML 代码。行首是"
"的部分为滚动内容。

```
<marquee direction="up" behavior="scroll" loop="-1" width="200"
height="180" scrollamount="1" scrolldelay="1" bgcolor=#FFFF00
onMouseOver="this.stop()" onMouseOut="this.start()">
<BR>欢迎大家! <BR>
<BR>请各位同学第 3 周星期一上课时,把第 1 次作业一起带来。
<BR>上课地点:理科楼 B215
<BR>课件下载:
<BR>1.学校网络课堂;
<BR>2.教师 FTP 站点;
<BR>3.教师 QQ 群。
<BR>作业要求:
<BR>1.独立完成;
<BR>2.不要抄书。
</marquee>
```

图 6-8 滚动文字公告栏 HTML 代码

②编辑完成后，将文件保存在“E:\web”下，文件名为“ggl. html”。

③双击打开“ggl. html”文件，就可以看到如图6-7所示的显示效果了。

4. 补充阅读

制作滚动的公告文字需要用到<marquee>标签，格式为“<marquee>文字</marquee>”。在浏览器显示时，文字从右至左移动。<marquee>标签还有以下重要属性。

direction：移动方向，值可以为left（左移）、right（右移）、up（上移）、down（下移）。

behavior：移动方式，值可以为scroll（循环移动）、slide（只走一圈）、alternate（来回移动）。

loop：指定循环次数，不赋值或赋－1表示无限循环。

height，width：移动区域的高度和宽度，单位为像素。

scrollamount：移动速度的快慢，整数越大则越快。

scorlldelay：每移动一步之后的延时，单位毫米。

bgcolor：移动区域的背景色。

onMouseOver ＝"this. stop( )"：指针覆盖时停止滚动。

onMouseOut＝"this. start( )"：指针离开时开始滚动。

第 7 章
综合应用能力训练

7-1 Windows 文件管理

练习一

在资源管理器窗口中依次进行下列操作。

①在 D 盘根目录下建立两个新文件夹"document"和"picture"。

②在 C 盘根目录下建立两个新文件"ok. docx"与"pic1. bmp"。

③将 C 盘根目录下的"ok. docx"文件复制并粘贴到 D 盘"document"文件夹下。

④将 D 盘"document"文件夹下的"ok. docx"文件重命名为"myok. docx",并设置其属性为"只读"。

⑤将 C 盘根目录下的"pic1. bmp"文件剪切并粘贴到 D 盘"picture"文件夹下,并重命名为"pic1. jpg"。

⑥删除 C 盘根目录下的"ok. docx"文件。

⑦搜索 D 盘内扩展名为"bmp"、文件大小至多为 800 KB 的文件,并将搜索到的文件全部复制并粘贴到 D 盘"picture"文件夹下。

⑧将 D 盘"picture"文件夹下的文件按文件大小降序排列。

⑨恢复第⑥步删除的"ok. docx"文件。

练习二

①按以下目录和名称新建文件和文件夹。

E:\DOWN\MUSIC\MP3

E:\教案\大学计算机基础\PPT\第 1 章. pptx

②将"E:\教案\大学计算机基础\PPT"下的"第 1 章. pptx"文件复制并粘贴到"C:\MY DOCUMENT"下。

③将"E:\教案"下的"大学计算机基础"文件夹移动到 D 盘根目录下。

④将"D:\大学计算机基础\PPT"下的"第 1 章. pptx"文件的属性设置为"只读"。将"E:\DOWN\MUSIC"下的"MP3"文件夹的属性设置为"隐藏"。

⑤将"E:\DOWN"下的"MUSIC"文件夹重命名为"MY MUSIC"。

7-2 Word 2016 图文混排

练习一

1. 样文(见图 7-1)

duàn liàn hé jūn héng yǐn shí shǐ xīn zàng bǎo chí nián qīng

锻炼和均衡饮食使心脏保持年轻

在 9 月 24 日世界心脏日到来之际，世界心脏联盟的专家提醒人们注意心脏健康保护，并介绍了使心脏保持年轻的三要素：**锻炼身体、健康饮食和戒烟**。世界心脏联盟专家指出，研究表明，**锻炼身体、健康饮食和戒烟**可使心脏病和中风发病率降低 80%，并有助于心脏保持健康。

锻炼身体对保持心脏健康最为重要。研究显示，每周跑步 1 小时或更长时间可使患心脏病的风险降低 42%；每天快走 30 分钟可使患心脏病的风险降低 18%并可使患中风的风险降低 11%。

均衡饮食对保持一颗健康心脏也很重要。均衡饮食包括食用大量水果、蔬菜、谷物、瘦肉、鱼、豆类以及低脂和脱脂食品。

另外，戒烟也有助于使心脏保持年轻。因为戒烟能维持“好”胆固醇水平，降低血凝固水平，降低血管突然阻塞的概率。

图 7-1　样文 1

2. 要求

①标题为华文新魏字体、小一号字，居中对齐，加拼音。

②正文第 1 段首行缩进 2 字符，段前间距 1.2 行，段后间距 12 pt，行距 20 pt。

③在正文第 1 段后插入一张“心脏”剪贴画，设置图片格式：大小缩放到原图的 30%，四周型环绕，并置于段落右侧。

④正文第 2 至 4 段：首行均缩进 2 字符，行距为 1.5 倍行距，左对齐；分 3 栏显示，加分隔线。

⑤正文第 1 段中"锻炼身体、健康饮食和戒烟"设置为华文中宋、红色，字符间距加宽 2 pt。

⑥正文第 2 至 4 段中"心脏"设置为幼圆、蓝色、加粗，加红色、1.5 pt 方框，加灰色-20%底纹。

练习二

1. 样文（见图 7-2）

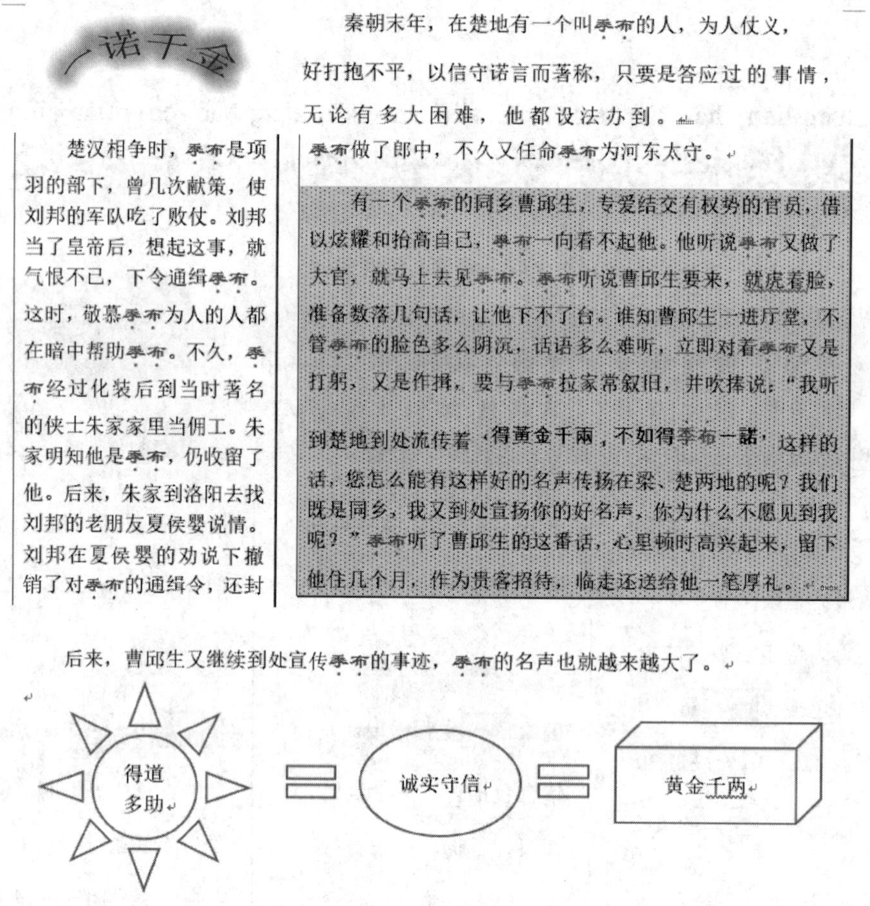
一诺千金
秦朝末年，在楚地有一个叫季布的人，为人仗义，好打抱不平，以信守诺言而著称，只要是答应过的事情，无论有多大困难，他都设法办到。
楚汉相争时，季布是项羽的部下，曾几次献策，使刘邦的军队吃了败仗。刘邦当了皇帝后，想起这事，就气恨不已，下令通缉季布。这时，敬慕季布为人的人都在暗中帮助季布。不久，季布经过化装后到当时著名的侠士朱家家里当佣工。朱家明知他是季布，仍收留了他。后来，朱家到洛阳去找刘邦的老朋友夏侯婴说情。刘邦在夏侯婴的劝说下撤销了对季布的通缉令，还封季布做了郎中，不久又任命季布为河东太守。
有一个季布的同乡曹邱生，专爱结交有权势的官员，借以炫耀和抬高自己，季布一向看不起他。他听说季布又做了大官，就马上去见季布。季布听说曹邱生要来，就虎着脸，准备数落几句话，让他下不了台。谁知曹邱生一进厅堂，不管季布的脸色多么阴沉，话语多么难听，立即对着季布又是打躬，又是作揖，要与季布拉家常叙旧，并吹捧说："我听到楚地到处流传着'得黄金千两，不如得季布一诺'这样的话，您怎么能有这样好的名声传扬在梁、楚两地的呢？我们既是同乡，我又到处宣扬你的好名声，你为什么不愿见到我呢？"季布听了曹邱生的这番话，心里顿时高兴起来，留下他住几个月，作为贵客招待，临走还送给他一笔厚礼。
后来，曹邱生又继续到处宣传季布的事迹，季布的名声也就越来越大了。
得道多助
诚实守信
黄金千两

图 7-2　样文 2

2. 要求

①标题为艺术字，样式为艺术字库中的第 1 行第 2 列（填充-蓝色，着色 1；阴影）；阴影为"外部-左上斜偏移"；发光为"橙色，11 pt 发光，个性色 2"；形状为"弯曲-上弯弧"；紧密型环绕，并放在图 7-2 所示位置。

②正文第 1 段左缩进 5 cm，右缩进 2 字符，首行缩进 2 字符，行距为 1.4 倍行距，分散对齐。

③正文第 2 和第 3 段首行均缩进 2 字符，段后间距 0.5 行；加"橙色，个性色 2，深色 25%"、1 pt 宽的阴影方框；分 2 栏，偏左。第 3 段添加底纹，图案样式为 12.5%，图案颜色为"金色，个性色 4，淡色 40%"。

④正文第 4 段的段前间距 1 行，首行缩进 2 字符，左对齐。

⑤正文中“季布”两字格式替换为隶书、红色、加着重号。正文第 3 段中“得黄金千两，不如得季布一诺”改为繁体，位置上升 3 pt。

⑥在正文第 4 段末插入图 7-2 所示组合图形，四周型环绕，居中对齐。

练习三

1. 样文(见图 7-3)

草木皆兵

东晋时代，秦王苻坚控制了中国北方。公元 383 年，苻坚率领步兵、骑兵 90 万，攻打江南的晋军。晋军大将谢石、谢玄领兵 8 万前去抵抗。苻坚得知晋军兵力不足，就想以多胜少，抓住机会，迅速出击。

谁料，苻坚的 25 万先锋部队在寿春一带被晋军击败，损失惨重，大将被杀，士兵死伤万余。秦军的锐气大挫，军心动摇，士兵惊慌失措，纷纷逃跑。此时，苻坚在寿春城上望见晋军队伍严整，士气高昂，再北望八公山，只见山上一草一木都像晋军的士兵一样。苻坚回过头对弟弟说：“此亦劲敌也，何谓少乎？”他后悔自己过于轻敌了。

出师不利给苻坚心头蒙上了不祥的阴影，他令部队靠淝水北岸驻扎，企图凭借地理优势扭转战局。这时晋军将领谢玄提出要求，要秦军稍往后退，让出一点地方，以便渡河作战。苻坚暗笑晋军将领不懂作战常识，想利用晋军忙于渡河难于作战之机，来个突然袭击，于是欣然接受了晋军的请求。

谁知，后退的军令一下，秦军如潮水一般溃不成军，而晋军则乘势渡河追击，把秦军杀得丢盔弃甲，尸横遍地。苻坚中箭而逃。这就是历史上有名的以少胜多的淝水之战。

图 7-3　样文 3

2. 要求

①标题为艺术字，样式为艺术字库中的第 2 行第 2 列(渐变填充-蓝色，着色 1，反射)，字体为华文行楷，字号为一号，形状为“腰鼓”，紧密型环绕，水平居中对齐。

②正文第 1 段字体为楷体；悬挂缩进 2 字符，段后 0.5 行；段落第 1 个字设置为带圈字符，样式：增大圈号。

③正文第 2 和第 3 段首行均缩进 2 字符，行距为 1.2 倍行距；分两栏，左栏添加方框，线型为波浪线，颜色为红色，宽度 0.75 pt，右栏文字添加浅蓝色底纹。

④在正文第 3 段末插入 1 张图片，设置高为 3 cm，宽为 2 cm，紧密型环绕，并调整至合适位置。

练习四

1. 样文(见图 7-4)

桃李不言，下自成蹊🕮

西汉时候，有一位勇猛善战的将军，名叫李广，一生跟匈奴打过七十多次仗，战功卓著，深受官兵和百姓的爱戴。李广虽然身居高位，统领千军万马，而且是保卫国家的功臣，但他一点也不居功自傲。他不仅待人和气，还能和士兵同甘共苦。每次朝廷给了他赏赐，他首先想到的是他的部下，就把那些赏赐统统分给官兵们；行军打仗时，遇到粮食或水供应不上的情况，他自己也同士兵们一样忍饥挨饿；打起仗来，他身先士卒，英勇顽强，只要他一声令下，大家个个奋勇杀敌，不畏牺牲。这是一位多么让人崇敬的大将军啊！

后来，当李广将军去世的噩耗传到军营时，全军将士无不痛哭流涕，连许多与他平时并不熟悉的百姓也纷纷悼念他。在人们心目中，李广将军就是他们崇拜的大英雄。

汉朝伟大的史学家司马迁在为李广立传时称赞道：“桃李不言，下自成蹊。”意思是说，桃李有着芬芳的花朵，甜美的果实，虽然它们不会说话，但仍然会吸引人们到树下赏花尝果，以至树下都走出一条小路。李广将军就是以他的真诚和高尚的品质赢得了人们的崇敬。

🕮 出自《史记•李将军列传》,比喻为人真诚,严于律己,自然会感动别人,自然会受到人们的敬仰。

图 7-4　样文 4

2. 要求

①标题为华文琥珀、一号、深红,居中对齐;插入如样文所示尾注,尾注中的文字为华文楷体、小五号,尾注位置为文档结尾,引用标记为自定义标记🕮。

②在标题处插入一张图片,图片高 2 cm,宽 5 cm,居中对齐,将图片设置为“冲蚀”效果,衬于文字下方。

③正文所有段落首行均缩进 2 字符,行距为固定值 20 pt。

④正文第 1 段首字下沉,楷体,下沉 2 行。

⑤正文第 3 段中的“桃李不言,下自成蹊”为华文细黑、“蓝色,个性色 1”,加红色下划线;正文中所有“李广”均为华文行楷、加粗倾斜,加着重号,字符位置提升 3 pt。

⑥正文第 3 段中的“赏花尝果”设置为中文版式合并字符:黑体、9 pt,字体颜色为绿色。

练习五

1. 样文(见图7-5)

E 时 代 的 酒 店 管 理 具 有 四 个 特 点 。

1. **国际化**：在经济全球化的趋势下，国际旅游更加活跃，客户的要求更加多样化，同时酒店业的竞争会更加透明和激烈，因此必须引进国际上先进的管理模式，来提高服务的水平和竞争力。
2. **网络化**：网络化与酒店管理的复杂程度有关，现在，在一个更加开放的环境中，各项管理内容更加细化，而网络可以大大简化、规范这一切，同时还可以大大降低成本，另外，作为旅游业的一个环节，酒店业还必须努力融入整个商业链，更多地通过网上来扩展业务。
3. **高效化**：这既是一个服务水平的体现，同时也是酒店提升效益的根本。
4. **灵活性**：酒店必须随时掌握并满足来自客户方面的各种各样个性化的需求，只有网络才能够胜任这样烦琐但要求绝对及时的任务。

一个优秀的酒店管理解决方案必须包括功能齐全、管理模式先进、运行稳定的软件系统，以及对软件的运行效率起着决定性作用的服务器平台。★

酒店从Internet应用中得到的好处：避免了繁重的体力劳动和繁杂的数据统计工作。另外，严谨的管理工具会为酒店节省大量的劳动力，为酒店获得准确的经营分析数据，供决策时参考。

酒店业的Internet应用

图7-5 样文5

2. 要求

①标题为艺术字，样式为艺术字库中的第1行第3列(填充-橙色，着色2，轮廓-着色2)，二号字，调整文字方向，四周型环绕，放于正文右侧。

②正文第1段字体为隶书、小四、倾斜；段前5 pt，段后0.5行，分散对齐；在段末插入符号——表示胜利的手势，突出显示(文字底纹)为黄色。

③正文第2至第5段设置如图7-5所示项目编号，编号位置为左对齐；段落中前3个字设为黑体、红色。

④正文第6、第7段悬挂均缩进2字符，行距为1.6倍行距。第6段第1个字设置为带圈字符，样式为缩小圈号，圈号为棱形；第7段第1个字设置为带圈字符，样式为增大圈号，圈号为正方形。

⑤在正文第6段后插入一个五角星，五角星高0.6 cm、宽0.6 cm，填充颜色及线条颜色均为红色。

练习六

1. 样文（见图 7-6）

音乐的魅力

研究显示音乐可增强孩子记忆力

加拿大一项研究显示，学习***音乐***的孩子比不学***音乐***的孩子有更好的记忆力。

发表在《脑》季刊网络版上的这项研究显示，经过一年***音乐***训练的孩子在记忆测验中的表现比没有学习***音乐***的孩子要好。

加拿大安大略省一所大学的心理学、神经系统科学和行为学教授劳雷尔·特雷纳说："研究显示，如果你学习***音乐***的话，你的大脑运转与没有学习的人是不同的。研究首次显示，接受***音乐***训练的孩子与未接受***音乐***训练的孩子在一年内大脑反应就会产生差异。"

研究者在一年中对两组 4 至 6 岁的孩子进行了 4 次测试。其中一组学习***音乐***，另一组则不接受***音乐***训练。测试内容有区别和声、节奏和旋律的***音乐***测试及听完一列数字后复述等记忆测试。结果发现，孩子的记忆力在短短 4 个月后就有了变化。

研究者表示，虽然此前已有研究显示，年龄稍大的孩子接受音乐训练后比上戏剧课的孩子在智商上有更大提高，但他们的研究首次确定音乐训练对更年幼的孩子也有类似效果。

图 7-6　样文 6

2. 要求

①标题为艺术字，样式为艺术字库中的第 3 行第 4 列（填充-白色，轮廓-着色 2，清晰阴影-着色 2），小二号字，环绕方式为上下型，水平居中对齐。

②正文第 1 至第 4 段首行均缩进 2 字符，右缩进均为 0.7 cm，行距均为固定值 20 pt，字体均为华文楷体、小四。

③正文第 1 至第 4 段中所有"音乐"一词字体均设置为深红、加粗、倾斜，加双下划线，字符缩放 150%。

④将正文最后一段的内容放入一竖排文本框内，四周型环绕，右对齐，填充颜色为"绿色，个性色 6，淡色 80%"，文本加粗，颜色为"橙色，个性色 2"；线条颜色为红色，线型 3 pt。

⑤正文第 2 段加边框：颜色紫色、宽度 2.25 pt；第 2 段内的文字添加底纹，图案样式为浅色竖线，图案颜色为"绿色，个性色 6，淡色 60%"。

⑥设置页眉"音乐魅力"，字体为幼圆。

练习七

1. 样文(图 7-7)

20-apr-20　　　　　　　　　　　　　　　　1:50 PM

我们单位领导大名胡不字,识字不多,书法不好,上级逐渐对他产生了不信任的感觉。为了挽回局面,胡不字向秘书问计,秘书说:“单位的事再多,到你这也不过同意二字,你先把同意二字练好了,再练练签名,即可应付一切了!”胡不字大喜,于是整日二事不干,专练“同意,胡不字”这五个字。天长日久,水滴石穿,胡不字的这五个字练得出神入化,已达到炉火纯青的地步。上级看着胡不字的书法大有进步,对其不满也渐渐淡去。

一日,市文联组织本市书画界名人去日本观摩书画,分给我单位一个指标,人们都争着要去,胡不字一锤定音:“我去。”尽管人们私下里叽叽呱呱,胡不字一表态自己去,无人敢说二话。

就这样胡不字混迹在本市书画名人间出访日本去了。

胡不字也有自知之明,每至一处,皆小心谨慎,几天来尚未露马脚。一日行至浮世绘展馆,胡不字不禁兴致大发,连声称好。日本同行见其兴致高涨,趁兴进言,要其题字留念。知他底细的人都替他捏了把汗。谁知胡不字毫不在意,大笔一挥,写了几行字就交给了主办方。人们定睛一看,只见上面龙飞凤舞地写着:“同字不同意,意同字不同。胡不字”这个胡不字,关键时候竟把这五个字用在中日文字的区别上,倒也是歪打正着呀!

表 1　文化场地建设基本情况		
文化场地	2018 年	2019 年
公共图书馆(个)	3176	3196
省、地市级群众艺术馆(个)	390	380
博物馆(个)	4918	5119
艺术表演场馆(个)	1236	1205

图 7-7　样文 7

2. 要求

①页面设置。纸张为自定义大小,宽 18 cm,高 20 cm;页边距的左、右均为 2 cm,上、下均为 2.5 cm;页眉的左侧插入系统日期,右侧插入系统时间,文字加粗;页面边框为时钟的艺术图。

②在如图 7-7 所示的位置插入一张图片,设置图片高 7 cm,宽 5.02 cm,环绕方式为四

周型。

③标题设为喜欢的艺术字样式，环绕方式为浮于文字上方，将艺术字旋转到如图 7-7 所示的角度，并将标题与图片组合。

④将正文设为楷体、五号字，首行缩进 2 个字符；最后一段分两栏显示，并添加段落浅绿底纹。

⑤将正文中所有的“胡不字”字体均设为红色，添加红色的双下划线。

⑥在正文末插入表格，自动套用喜欢的格式，居中对齐。

练习八

1. 样文（图 7-8）

秋季旅游可看六大秋色

秋天，成熟的季节，旅游的季节。一阵秋雨过后，秋风送来缕缕寒意，树叶一茬一茬地变换着自己的颜色，处处秋高气爽，处处秋水宜人。真想实实在在把这秋味儿品尝一次，让整个身心都陶醉在那秋的惬意之中。

◆ **新疆阿勒泰喀纳斯**

去了喀纳斯，就知道了什么是真正的秋色。白桦树叶、青杨树叶在秋风的轻抚中由绿变黄，再由黄变红，远远望去，层林尽染。哈萨克人木屋中的炊烟袅袅升起，环绕在树梢，弥漫在田野，悠远而宁静。

◆ **云南香格里拉纳帕海**

秋冬来临，走进香格里拉的纳帕海，映入眼帘的是金色的草原、皑皑的雪山和充满灵性的各种鸟类。

◆ **四川九寨沟**

九寨沟是水做的童话世界，关于她的美丽已经说得太多了。红色、黄色的叶子与蓝色、绿色的湖水交织在一起，令人惊诧此景好似人间仙境。

◆ **北京香山**

虽然香山的红叶没有米亚罗的面积大，但是香山红叶的名气却是米亚罗红叶不能比拟的。许多人把去香山看红叶作为秋季北京旅游的重要项目。

◆ **杭州西湖**

“万顷湖平长似镜，四时月好最宜秋。”这是古人对西湖十景之一——“平湖秋月”的描述。感受平湖秋月的味道，最好的时节就是每年的中秋节了。

◆ **长沙橘子洲**

90多年前，伟人毛泽东重游橘子洲，写下《沁园春·长沙》一词，橘子洲也因此而声名大振，尤其以秋季景色最为独特。

图 7-8　样文 8

2. 要求

①标题为艺术字，样式为艺术字库中的第 1 行第 5 列（填充-金色，着色 4，软棱台），四周型环绕，二号字，置于文档左侧。

②正文第 1 段首行缩进 2 字符；字符缩放 80%；加下划线，线型为双波浪线，颜色为“橙色，个性色 2”。

③正文中第 2 段、第 4 段、第 6 段、第 8 段、第 10 段、第 12 段设置如图 7-8 所示项目符号，

段落中字体为楷体、五号，加粗、红色，段前间距 0.3 行。

④正文中第 3 段、第 5 段、第 7 段、第 9 段、第 11 段、第 13 段首行均缩进 2 字符。

⑤正文第 11 段中的“万顷湖平长似镜，四时月好最宜秋。”一句加单下划线。正文第 13 段中的“《沁园春·长沙》”添加 3pt 宽的黄色方框与“灰色－10％”的底纹。

⑥页面设置：纸张大小 16 开，上、下、左、右页边距分别为 1.5 cm、1.6 cm、2.1 cm、2 cm。

练习九

1. 样文(见图 7-9)

Unmanned Aerial Vehicle

无人驾驶战斗机目前正在大力发展中。它所担负的主要任务是空中格斗，但有的无人驾驶战斗机也可在空中发射导弹、投放鱼雷和炸弹。在飞行过程中，人们可对其随时地进行即时遥控，即进行所谓“实时遥控”，任务执行完毕还可以回收。开始这种无人驾驶飞机的研制是由于有人驾驶的战斗机成本太高，以及为了避免驾驶员的伤亡。无人驾驶战斗机也可更好地提高飞机作战的制动性。

其他种类的无人驾驶飞机还有无人驾驶研究机、无人驾驶电子干扰机和无人驾驶假目标机等。无人驾驶研究机专用于进行某些科学研究，如飞机的气动外形和机翼剖面形状的实验研究，动力装置的飞行实验，等等。有的无人驾驶研究机的速度可达音速的四倍。无人驾驶电子干扰机和无人驾驶假目标机则用来干扰对方的雷达，保护己方的其他作战飞机躲开侦察以安全执行任务。

总之，在航空技术高速发展的今天，无人驾驶飞行器的功用越来越大，无论是在军事上，还是在科学研究领域，它都扮演着重要的角色。

民用无人机使用情况

单位：架

	工业	农业	合计
东区	1337	2074	3411
南区	3210	2673	5883
总计	4547	4747	9294

图 7-9 样文 9

2. 要求

①页面设置：纸张大小为 16 开，上、下、左、右页边距均为 2 cm，装订线为 0.5 cm。

②将标题“Unmanned Aerial Vehicle”设置为 Arial 字体、三号、倾斜、居中对齐。

③正文第 1 段首字下沉 2 行，字体为隶书。

④正文第 1 段段后距离 0.5 行，正文第 2 段首先缩进 2 字符，行距设置为 1.5 倍行距，字体为黑体，字号为小四号，颜色为浅蓝色。

⑤正文第 2 段分成两栏。

⑥正文第 3 段(正文最后一段)文字添加浅绿底纹，首行缩进 2 字符；“总之”两字字符缩放 150％，字体颜色设置为红色。

⑦插入样文中所示表格，表格内“总计”行、“合计”列数字由公式计算。

练习十

1. 样文（见图 7-10）

中国伟大的数学家陈景润　　1

中国伟大的数学家陈景润

1966 年屈居于六平方米小屋的陈景润，借一盏昏暗的煤油灯，伏在床板上，用一支笔，耗去了几麻袋的草稿纸，居然攻克了世界著名数学难题“哥德巴赫猜想”中的(1+2)，创造了距摘取这颗数论皇冠上的明珠(1+ 1)只是一步之遥的辉煌。

他证明了“每个大偶数都是一个素数及一个不超过两个素数的乘积之和”，使他在哥德巴赫猜想的研究上居世界领先地位。这一结果国际上誉为“陈氏定理”，受到广泛征引。这项工作还使他与王元、潘承洞在 1978 年共同获得中国自然科学奖一等奖。他研究哥德巴赫猜想和其他数论问题的成就，至今，仍然在世界上遥遥领先。

	一系	二系	三系	四系
专科	300	400	500	350
本科	400	300	400	450
研究生	100	50	150	80

世界级的数学大师、法国学者安德烈 · 韦伊(André Weil)曾这样称赞他：**“陈景润先生做的每一项工作，都好像是在喜马拉雅山山巅上行走。危险，但是一旦成功，必定影响世人。”**

图 7-10　样文 10

2. 要求

①页面设置：纸张为 A4，横向，左、右页边距分别为 3 cm、2 cm。

②设置页眉、页脚：在页眉的左侧输入“中国伟大的数学家陈景润”，文字为隶书、五号字；右侧插入页码。

③标题为艺术字，样式为艺术字库中的第 2 行第 5 列（填充-灰色-50%，着色 3，锋利棱台），效果为“弯曲-停止”，字体为宋体，字号为三号，环绕方式为上下型，居中对齐。

④正文中所有段落首行缩进均 2 字符。最后一段中的“陈景润先生做的每项工作，都好像是在喜马拉雅山山巅上行走。危险，但是一旦成功，必定影响世人。”设置为华文楷体、小四、红色、加粗。

⑤在正文第 2 段后插入一个 4 行 5 列的表格。表格自动套用格式“清单表 1 浅色-着色 5”，表格左对齐；无文字环绕；左缩进 1 cm；单元格对齐方式为水平居中。

⑥在表格右侧画一个椭圆，线条颜色为紫色，线型为圆点虚线，线粗为 6 pt，填充颜色为“金色，个性色 4，淡色 40%”。

7-3 Word 2016 表格处理

练习一

1. 样表(见图 7-11)

课程表

星期 节次		一	二	三	四	五
1~2	课程	英语	计算机		语文	
	教室	116	108		203	
3~4	课程	数学		数学		英语
	教室	501		501		116
午 间 休 息						
5~6	课程		英语			
	教室		116			
7~8	课程	语文			听力	计算机
	教室	203			408	108

图 7-11 样表 1

2. 要求

①插入一个 10 行 6 列的表格并输入标题,标题居中对齐。

②按图 7-11 对相应单元格进行合并与拆分操作并输入相关文字。

③表格外框线以及第 6 行的边框线线宽均为 1.5 pt。

④表格第 1 行文字为深红、加粗,加浅绿色底纹,水平居中;为 A1 单元格添加斜线。

⑤所有单元格的对齐方式均为中部右对齐;第 6 行文字设置为红色、加粗、倾斜、水平居中,字体间距加宽 5 pt。

⑥适当调整行高、列宽。

练习二

1. 样表(见图 7-12)

白鹤村居民预计出游时期调查表

年龄	白鹤村居民预计出游时期				
	春耕前/%	双抢前/%	双抢后/%	春节/%	其他/%
15~24	30.8	8.4	11.2	35.9	13.7
25~44	26.1	7.5	12.6	45.3	8.5
45~64	31.5	7.4	14.6	35.6	10.9
≥65	8.4	15.1	8.8	49.6	18.1
平均	**24.2**	**9.6**	**11.8**	**41.6**	**12.8**

图 7-12 样表 2

2. 要求

①插入一个6行6列的表格,并输入标题,标题水平居中。

②将A1、A2单元格合并,将B1至F1的单元格合并,按图7-12输入文字。

③在最后一行下方插入一行,计算各列的平均值;将该行文字加粗显示。

④表格外边框线线宽为3 pt,颜色为"橙色,个性色2";内框线线宽为1.5 pt,颜色为黑色。

⑤指定表格宽度为14 cm,居中对齐;第1和第2行的行高均为固定值1.2 cm,单元格中文字为华文行楷、小四;其他各行的行高均为固定值1 cm。

⑥所有单元格内容的对齐方式均为水平居中。

练习三

1. 样表(见图7-13、图7-14)

某公园污水排放源数量表

年份	2020	2019	2018	2017
宾馆酒楼/个	5	22	28	28
餐馆食店/个	25	36	45	40
居民住户/个	90	150	180	160

图7-13 样表3

某公园污水排放源数量表

年份	2020	2019	2018	2017
宾馆酒楼/个	5	22	28	28
餐馆食店/个	25	36	45	40
居民住户/个	90	150	180	160
总计/个	120	208	253	228

图7-14 样表4

2. 要求

①插入一个4行5列的表格,并输入文字(见图7-13),标题居中对齐;表格文字的对齐方式为水平居中;表格居中对齐,无文字环绕。

②在第4行下方插入一行,利用公式求第2至第5列中各年数据的总和(见图7-14)。

③表格自动套用格式,样式为"清单表3-着色6"。表格所有内部竖框线设置为0.5 pt,"绿色,个性色6,深色25%"。

④指定所有行行高为0.85 cm,列宽为2.5 cm。

⑤表头文字设置为宋体、小四、加粗,对齐方式为中部右对齐。

练习四

1. 样表(见图 7-15、图 7-16)

中南地区城镇人口(万人)

地区	2018年	2017年	2016年	2015年
河南省	4967	4795	4623	4441
湖北省	3568	3500	3419	3327
湖南省	3865	3747	3599	3452
广东省	8022	7802	7611	7454
广西壮族自治区	2474	2404	2326	2257
海南省	552	537	521	502

图 7-15　样表 5

中南地区城镇人口(万人)

地区	2018年	2017年	2016年
湖南省	3865	3747	3599
湖北省	3568	3500	3419
河南省	4967	4795	4623
海南省	552	537	521
广西壮族自治区	2474	2404	2326
广东省	8022	7802	7611

图 7-16　样表 6

2. 要求

①插入一个 7 行 5 列的表格(见图 7-15),标题和表格居中对齐。

②对表格进行排序,主要关键字为“列 1”,类型为拼音,降序。

③删除第 5 列;指定表格宽度为 13 cm。

④调整单元格间距为 0.1 cm(见图 7-16)。

⑤单元格内的文字为隶书、小四号,对齐方式为靠下居中对齐。

7-4 Excel 2016 数据处理

练习一

1. 样表（见图 7-17）

	A	B	C	D	E
1	地区	年末常住人口/万人	出生率/‰	死亡率/‰	自然增长率/‰
2	北京市	2154	8.24	5.58	2.66
3	上海市	2424	7.2	5.4	1.8
4	江苏省	8051	9.32	7.03	2.29
5	湖北省	5917	11.54	7	4.54
6	湖南省	6899	12.19	7.08	5.11
7	广东省	11346	12.79	4.55	8.24
8	海南省	934	14.48	6.01	8.47

图 7-17　样表 7

2. 要求

建立一个如图 7-17 所示的工作表，并进行如下操作。

①在第 1 行前插入一行，将 A1:E1 单元格区域合并，输入标题“2018 年部分省市常住人口和出生率、死亡率、自然增长率表”，并设置为黑体、16 pt、红色，添加“灰色-25%”底纹。

②将工作表改名为“人口表”；单元格 A2:E2 与 A3:A9 单元格区域的文字设置为楷体、加粗、16 pt。

③为 E 列单元格设置条件格式：数值大于 8 的单元格设置成红色、加粗、浅蓝色底纹，小于 3 的单元格设置成橙色、倾斜、加删除线。

④按“年末常住人口/万人”降序排列。

⑤筛选出年末常住人口数大于 6 000 万人，并且自然增长率大于 5‰的地区。

⑥求各列数据的平均值，并放入对应列之下。C 至 E 列的数字保留两位小数。

练习二

1. 样表（见图 7-18）

	A	B	C	D	E	F	G
1	姓名	性别	部门	基本工资	津贴	水电费	公积金
2	刘武	男	财务部	5800	3200	95.6	1080
3	张冰冰	女	技术部	5620	2600	106.6	1062
4	郑小明	男	技术部	5620	2600	170.3	1062
5	王宏岩	男	销售部	5500	2400	112.3	1050
6	李国林	男	销售部	5800	4000	117	1080
7	孙乐乐	女	财务部	5500	3000	86.7	1050
8	张艳	女	技术部	5620	3400	146.2	1062
9	吴志斌	男	销售部	5620	3200	65	1062
10	刘冷	男	财务部	5580	4000	70.3	1058
11	陈红红	女	财务部	5580	4000	112.3	1058
12	赵大林	男	技术部	5800	5000	117	1080
13	朱意	女	销售部	5500	4000	86.7	1050
14	邱红霞	女	销售部	5620	3200	143.2	1062

图 7-18　样表 8

2. 要求

建立一个如图 7-18 所示的工作表(表中为模拟数据),并进行如下操作。

①在 G 列后插入“扣除总计”和“实发工资”两列,求出每个月的扣除总计和实发工资,其中,扣除总计等于水电费加上公积金,实发工资等于基本工资加津贴减扣除总计。表中所有数值数据保留 2 位小数,前面加货币符号“¥”。

②对表格内容进行排序,主要关键字为“部门”,升序;次要关键字为“基本工资”,降序;第 3 关键字为“实发工资”,升序。

③筛选出实发工资大于或等于 8 000 元的女职工。

④求男、女职工基本工资、津贴、实发工资的平均值。

⑤按部门统计男、女职工的平均实发工资。

练习三

1. 样表(见图 7-19)

	A	B	C	D
1	各级各专业在校学生人数			
2	专业	2019级	2020级	2021级
3	会计	1203	1309	1580
4	计算机科学与技术	1108	1418	1633
5	水利水电工程	909	1204	1160

图 7-19　样表 9

2. 要求

按照图 7-19 建立工作表,并进行如下操作。

①表格格式化。文字设置为楷体、10 pt,加内、外边框,文字水平居中对齐;第 1 行文字设置为加粗、绿色。

②在工作表中插入折线图(见图 7-20),子类型为带数据标记的折线形图,横坐标为年级,纵坐标为人数。

③设置属性。其中图例为楷体、9 pt,加黑色实线边框。横坐标轴文字设置为楷体、9 pt,图表标题为黑体、14 pt。清除图中的网格线。

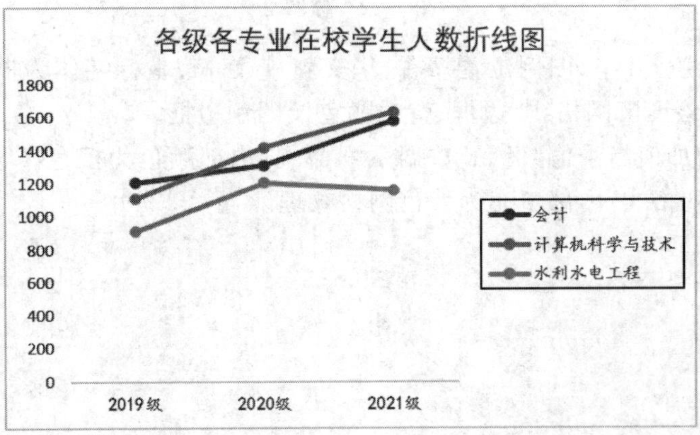

图 7-20　样图 1

练习四

1. 样表（见图 7-21）

	A	B	C	D
1	2019年各季度各产业增加值			
2	指标	第一产业增加值当季值/亿元	第二产业增加值当季值/亿元	第三产业增加值当季值/亿元
3	2019年第一季度	8769.4	81806.5	127486.9
4	2019年第二季度	14437.6	97315.6	130820.6
5	2019年第三季度	19798	97790.4	134620.4
6	2019年第四季度	27461.6	109252.8	141305.2

图 7-21　样表 10

2. 要求

按照图 7-21 建立工作表，并进行如下操作。

①A7 单元格内输入“全年”，B7:D7 单元格区域内的值分别为对应列数值之和。

②表格格式化。第 1 行文字设置为隶书、16 pt，第 2 行及 A 列均添加黄色底纹，所有单元格文本水平居中对齐，为表格添加边框。

③插入柱形图（见图 7-22），子类型为百分比堆积柱形图，横坐标为季度，纵坐标为百分比。

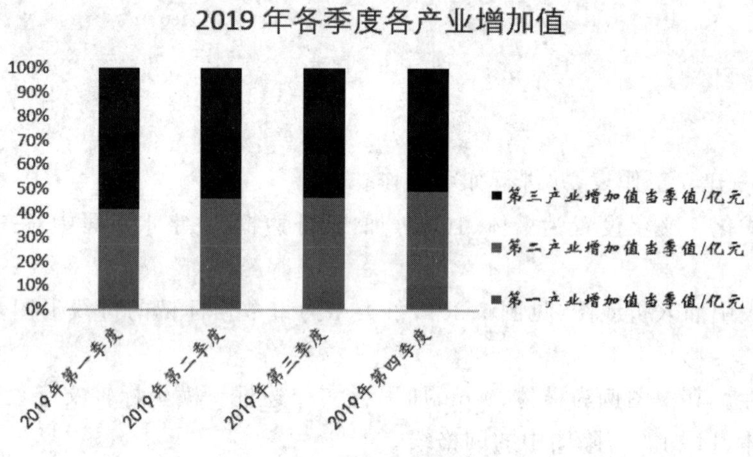

图 7-22　样图 2

④设置图表属性。其中，图例位置靠右，华文新魏、9 pt；坐标字体为楷体、9 pt；图表标题为楷体、12 pt；清除绘图区网格线、边框、背景颜色及图例边框。

⑤“第一产业增加值当季值/亿元”数据系列格式：内部颜色为橙色。“第三产业增加值当季值/亿元”数据系列格式：内部填充为紫色网格纹理。

7-5 PowerPoint 2016 演示文稿制作

练习

打开 PowerPoint 2016，建立一个空白演示文稿，并进行如下操作。

①第 1 张幻灯片标题为“第 3 章 办公自动化基础”；副标题有 3 项，分别为“3.1 文字处理基础”“3.2 电子表格处理基础”“3.3 演示文稿制作”。

②插入一张幻灯片，版式为“标题和内容”；标题为“3.2 电子表格处理基础”；文本为“Excel 2016 主界面如下：”；内容为一张 Excel 2016 的主界面图片；调整好文本与内容的大小与距离。

③在第 1 张幻灯片与第 2 张幻灯片之间插入一张幻灯片，版式为“两栏内容”；标题为“3.1 文字处理基础”；插入一张自己喜欢的图片；文本为两项，分别是“在 Word 中插入图片”“将图片缩放 150%”。

④格式化第 1 张幻灯片。应用主题“环保”；标题字体设为华文新魏、54 pt；副标题内容左对齐，字体为楷体，加粗。

⑤为第一张幻灯片中的“3.1 文字处理基础”内容设置超链接，链接到本文档的第 2 张幻灯片；“3.2 电子表格处理基础”设置超链接，链接到本文档的第 3 张幻灯片。

⑥格式化第 2 张幻灯片。格式化背景，填充效果为纹理“粉色面巾纸”；标题文字加粗；图片缩放 150%；修改文本的项目符号的样式，文本设置为隶书、32 pt。

⑦格式化第 3 张幻灯片。应用主题“画廊”。

⑧通过幻灯片母版，为每张幻灯片插入日期（自动更新）、幻灯片编号以及页脚“办公自动化”，并将其字号均设为 20 pt。

⑨为第 2 张幻灯片添加动画，文本添加菱形进入效果，速度为非常快；图片为棋盘进入效果。

⑩所有幻灯片切换效果为随机线条、持续 2 s，声音为风铃。

⑪保存文件，命名为“第 3 章. pptx”，并放映观看效果，如图 7-23、图 7-24、图 7-25 所示。

第3章 办公自动化基础
3.1 文字处理基础
3.2 电子表格处理基础
3.3 演示文稿制作
办公自动化
2020/4/19 1

图 7-23 第 1 张幻灯片

3.1 文字处理基础
在Word中插入图片
将图片缩放150%
办公自动化
2020/4/19 2

图 7-24 第 2 张幻灯片

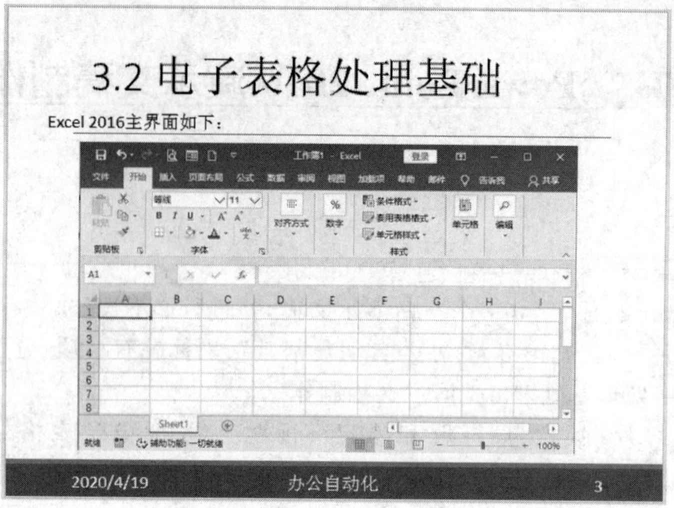
3.2 电子表格处理基础
Excel 2016主界面如下：
工作簿1 - Excel
Sheet1
2020/4/19
办公自动化
3

图 7-25　第 3 张幻灯片

7-6 Internet 信息检索

练习一

搜索并保存网页内容，如图 7-26、图 7-27、图 7-28 所示。

大学生创业案例_百度搜索
文件(F) 编辑(E) 查看(V) 收藏夹(A) 工具(T) 帮助(H)
大学生创业案例
百度一下
百度为您找到相关结果约4,100,000个
大学生创业成功的10大经典案例_图文_百度文库
90大学生创业成功案例-大学生创业故事
大学生创业_2020创业项目大全

图 7-26　信息检索 1

http://www.qncye.com/daxuesheng/gushi/070618832.html
青年创业网 大学生创业故事
主页 > 大学生创业 > 大学生创业故事 > 正文
在校大学生3个创业成功案例
2016-07-06 10:16　来源：互联网
都说现在的大学生,有钱,任性,花着父母的血汗钱不心疼,今天给大家介绍的是3个年收入过百万的在校大学生创业成功案例,以下是青年创业网小编分享的在校大学生3个创业成功案例。
在校大学生创业例子一
1980年，钱俊冬出生于安徽省无为县赫店镇的一个贫困农民家庭。他从小就立志要考上重点大学，毕业后找一份好工作，改变家庭贫困的生活。
1999年，父母做生意借来的8万元钱被人骗走，本就不富裕的家庭更是雪上加霜。由于家庭经济

图 7-27　信息检索 2

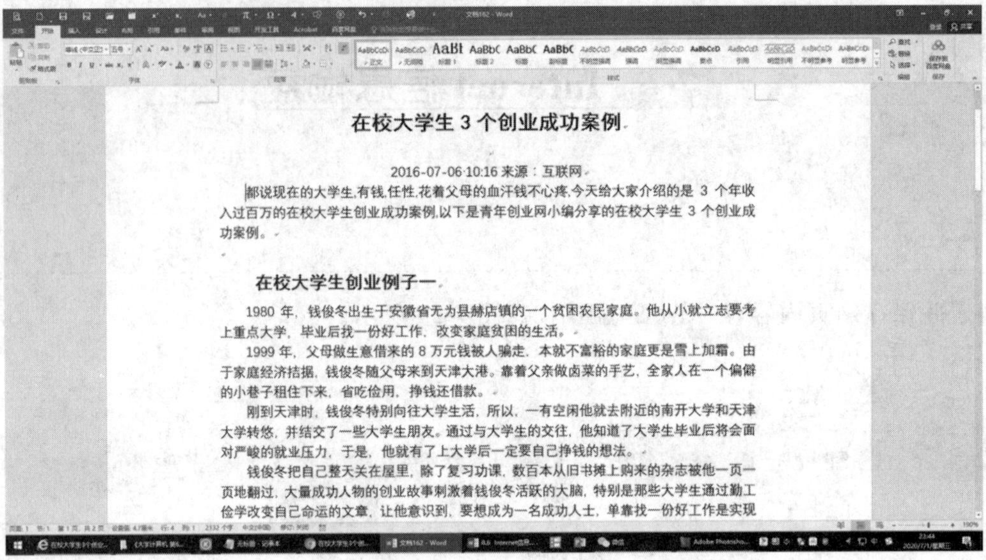
在校大学生 3 个创业成功案例
2016-07-06 10:16 来源：互联网
都说现在的大学生,有钱,任性,花着父母的血汗钱不心疼,今天给大家介绍的是 3 个年收入过百万的在校大学生创业成功案例,以下是青年创业网小编分享的在校大学生 3 个创业成功案例。
在校大学生创业例子一
1980 年，钱俊冬出生于安徽省无为县赫店镇的一个贫困农民家庭。他从小就立志要考上重点大学，毕业后找一份好工作，改变家庭贫困的生活。
1999 年，父母做生意借来的 8 万元钱被人骗走，本就不富裕的家庭更是雪上加霜。由于家庭经济拮据，钱俊冬随父母来到天津大港。靠着父亲做卤菜的手艺，全家人在一个偏僻的小巷子租住下来，省吃俭用，挣钱还借款。
刚到天津时，钱俊冬特别向往大学生活，所以，一有空闲他就去附近的南开大学和天津大学转悠，并结交了一些大学生朋友。通过与大学生的交往，他知道了大学生毕业后将会面对严峻的就业压力，于是，他就有了上大学后一定要自己挣钱的想法。
钱俊冬把自己整天关在屋里，除了复习功课，数百本从旧书摊上购来的杂志被他一页一页地翻过，大量成功人物的创业故事刺激着钱俊冬活跃的大脑，特别是那些大学生通过勤工俭学改变自己命运的文章，让他意识到，要想成为一名成功人士，单靠找一份好工作是实现

图 7-28　信息检索 3

①利用搜索引擎搜索与大学生创业相关的信息。

②打开一个超链接，查看网页内容。

③将网页内容复制到一个空白 Word 文档中，对该 Word 文档进行排版并保存。

④将该 Word 文档以附件方式保存到自己的邮箱。

练习二

搜索并保存图片，如图 7-29、图 7-30 所示。

①利用搜索引擎搜索张家界风景图片。

②选择一张自己喜欢的图片保存到本地硬盘中。

张家界风景
百度一下

图 7-29　图片搜索 1

图 7-30　图片搜索 2

练习三

利用 CNKI 搜索篇名包含关键词“自然语言处理”的期刊论文并保存、阅读，如图 7-31、图 7-32 所示。

图 7-31　CNKI 搜索 1

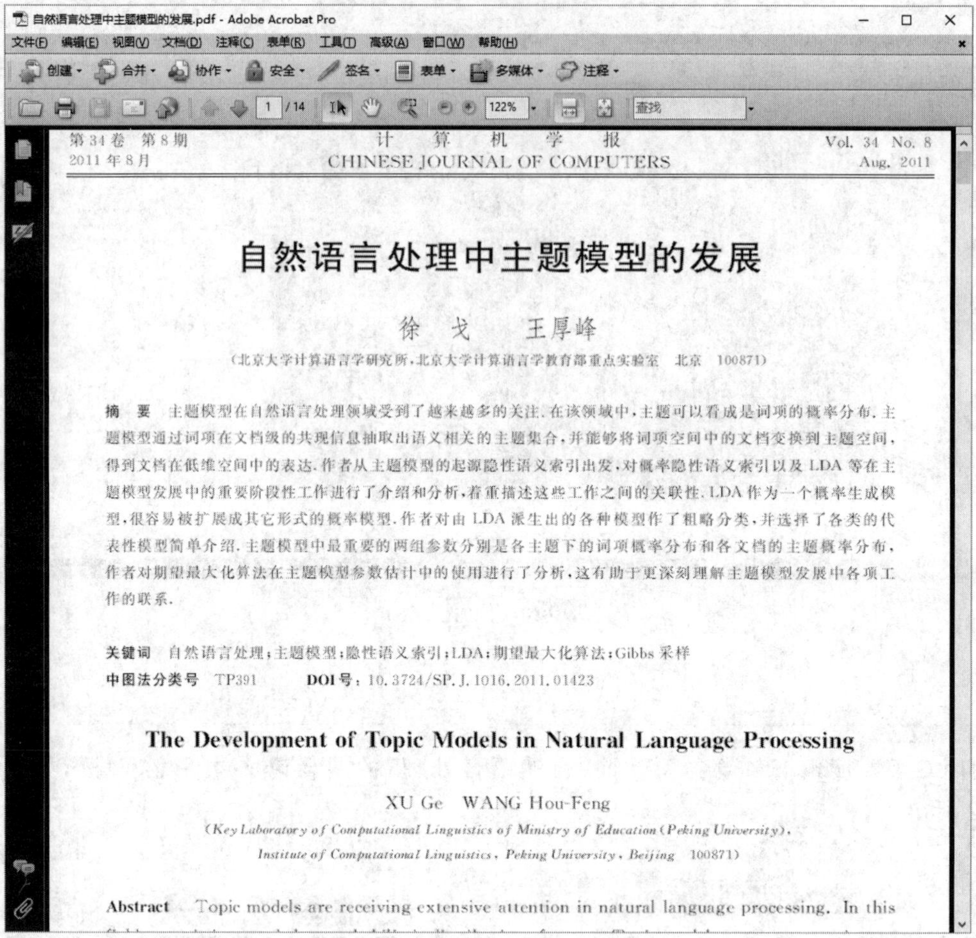

第34卷 第8期 2011年8月 计算机学报 CHINESE JOURNAL OF COMPUTERS Vol. 34 No. 8 Aug. 2011

自然语言处理中主题模型的发展

徐 戈 王厚峰

（北京大学计算语言学研究所，北京大学计算语言学教育部重点实验室 北京 100871）

摘 要 主题模型在自然语言处理领域受到了越来越多的关注.在该领域中，主题可以看成是词项的概率分布.主题模型通过词项在文档级的共现信息抽取出语义相关的主题集合，并能够将词项空间中的文档变换到主题空间，得到文档在低维空间中的表达.作者从主题模型的起源隐性语义索引出发，对概率隐性语义索引以及LDA等在主题模型发展中的重要阶段性工作进行了介绍和分析，着重描述这些工作之间的关联性.LDA作为一个概率生成模型，很容易被扩展成其它形式的概率模型.作者对由LDA派生出的各种模型作了粗略分类，并选择了各类的代表性模型简单介绍.主题模型中最重要的两组参数分别是各主题下的词项概率分布和各文档的主题概率分布，作者对期望最大化算法在主题模型参数估计中的使用进行了分析，这有助于更深刻理解主题模型发展中各项工作的联系.

关键词 自然语言处理；主题模型；隐性语义索引；LDA；期望最大化算法；Gibbs采样
中图法分类号 TP391 **DOI号**：10.3724/SP.J.1016.2011.01423

The Development of Topic Models in Natural Language Processing

XU Ge WANG Hou-Feng

(*Key Laboratory of Computational Linguistics of Ministry of Education (Peking University), Institute of Computational Linguistics, Peking University, Beijing* 100871)

Abstract Topic models are receiving extensive attention in natural language processing. In this

图 7-32 CNKI 搜索 2

第 8 章

Office 2016 使用技巧

8.1 Word 2016 使用技巧

1. 标题导航

标题导航是一个非常实用的技巧，尤其当文档内容较多、结构比较复杂时，使用标题导航可以清晰地看到内容的结构大纲，或者快速定位、选择并打印指定内容。

首先对文档的所有标题内容应用标题样式（见图 8-1），然后在“视图”选项卡的“显示”功能组中勾选“导航窗格”复选框。此时在窗口左侧就能看到内容的结构大纲（见图 8-2），选择相应的标题，就可以定位到相应的文档内容处（见图 8-3），挪动左侧大纲的标题可以对整个标题下的内容位置进行调整（见图 8-4、图 8-5），右击对应标题，在弹出的快捷菜单中选择“选择标题和内容”命令（见图 8-6），可以快速选择指定内容（图 8-7）。

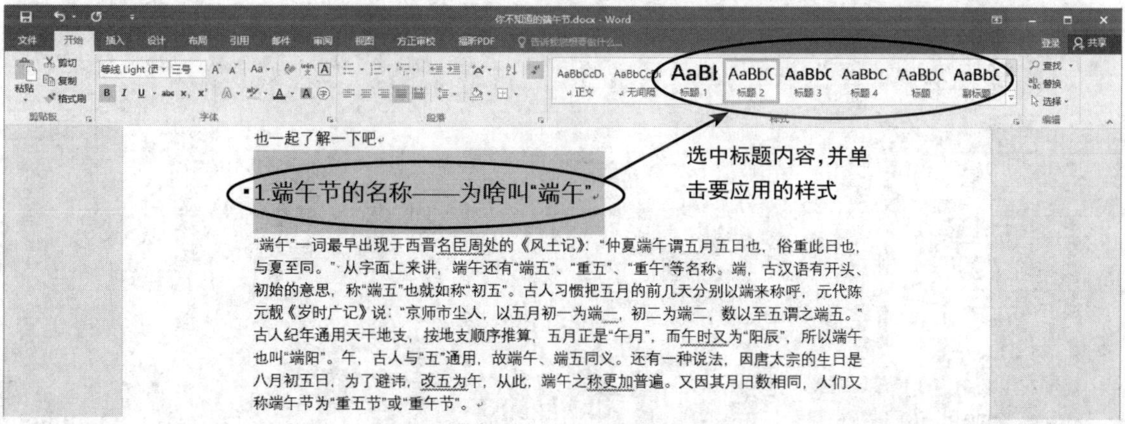

你不知道的端午节.docx - Word
文件
开始
插入
设计
布局
引用
邮件
审阅
视图
AaBbCcDi
AaBbCcDi
AaBl
AaBbC
AaBbC
AaBbC
AaBbC
AaBbC
正文
无间隔
标题 1
标题 2
标题 3
标题 4
标题
副标题
也一起了解一下吧
1.端午节的名称——为啥叫“端午”
选中标题内容，并单击要应用的样式
“端午”一词最早出现于西晋名臣周处的《风土记》：“仲夏端午谓五月五日也，俗重此日也，与夏至同。”从字面上来讲，端午还有“端五”、“重五”、“重午”等名称。端，古汉语有开头、初始的意思，称“端五”也就如称“初五”。古人习惯把五月的前几天分别以端来称呼，元代陈元靓《岁时广记》说：“京师市尘人，以五月初一为端一，初二为端二，数以至五谓之端五。”古人纪年通用天干地支，按地支顺序推算，五月正是“午月”，而午时又为“阳辰”，所以端午也叫“端阳”。午，古人与“五”通用，故端午、端五同义。还有一种说法，因唐太宗的生日是八月初五日，为了避讳，改五为午，从此，端午之称更加普遍。又因其月日数相同，人们又称端午节为“重五节”或“重午节”。

图 8-1 应用标题样式

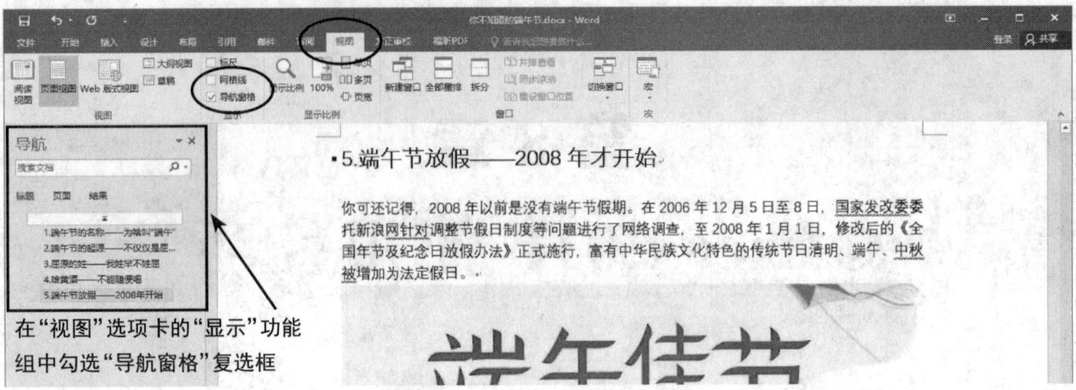
你不知道的端午节.docx - Word
导航
5.端午节放假——2008 年才开始
你可还记得，2008 年以前是没有端午节假期。在 2006 年 12 月 5 日至 8 日，国家发改委委托新浪网针对调整节假日制度等问题进行了网络调查，至 2008 年 1 月 1 日，修改后的《全国年节及纪念日放假办法》正式施行，富有中华民族文化特色的传统节日清明、端午、中秋被增加为法定假日。
在“视图”选项卡的“显示”功能组中勾选“导航窗格”复选框
端午佳节

图 8-2 打开导航窗格

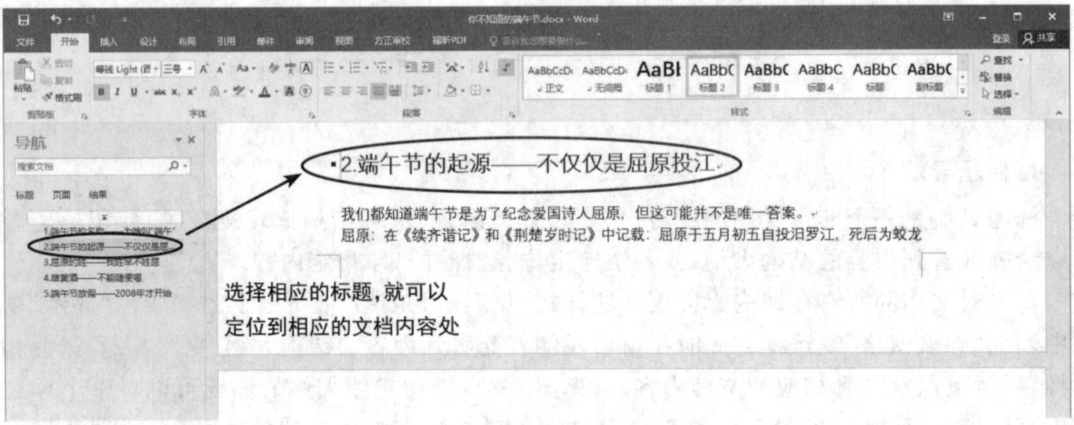
你不知道的端午节.docx - Word
导航
2.端午节的起源——不仅仅是屈原投江
我们都知道端午节是为了纪念爱国诗人屈原，但这可能并不是唯一答案。
屈原：在《续齐谐记》和《荆楚岁时记》中记载：屈原于五月初五自投汨罗江，死后为蛟龙
选择相应的标题，就可以定位到相应的文档内容处

图 8-3 跳转到相应的内容

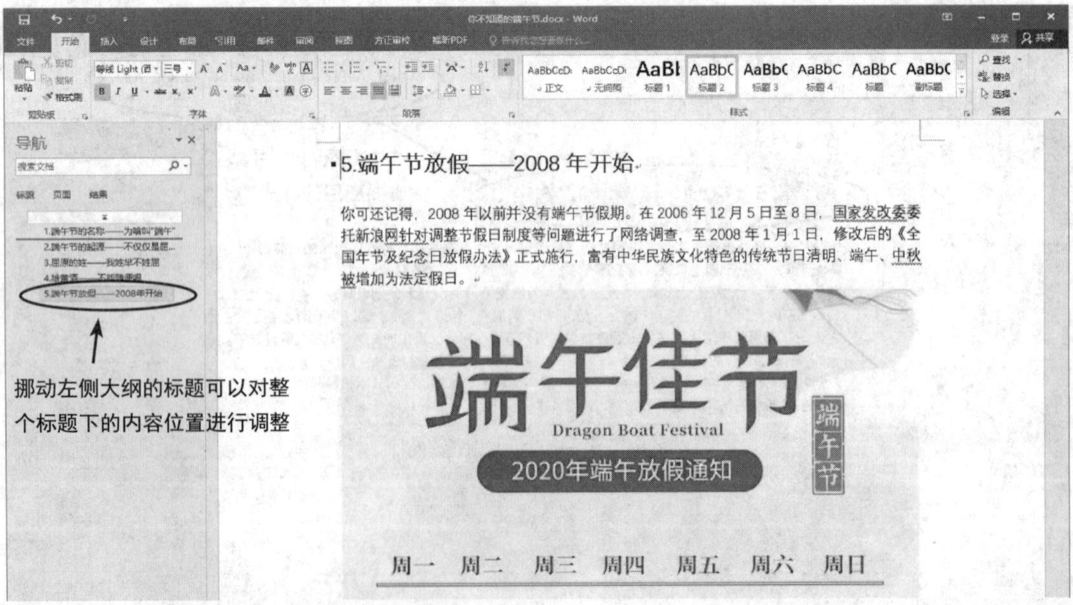
你不知道的端午节.docx - Word
导航
5.端午节放假——2008 年开始
你可还记得，2008 年以前并没有端午节假期。在 2006 年 12 月 5 日至 8 日，国家发改委委托新浪网针对调整节假日制度等问题进行了网络调查，至 2008 年 1 月 1 日，修改后的《全国年节及纪念日放假办法》正式施行，富有中华民族文化特色的传统节日清明、端午、中秋被增加为法定假日。
挪动左侧大纲的标题可以对整个标题下的内容位置进行调整
端午佳节
Dragon Boat Festival
2020年端午放假通知
周一 周二 周三 周四 周五 周六 周日

图 8-4 调整一个标题下所有内容的位置

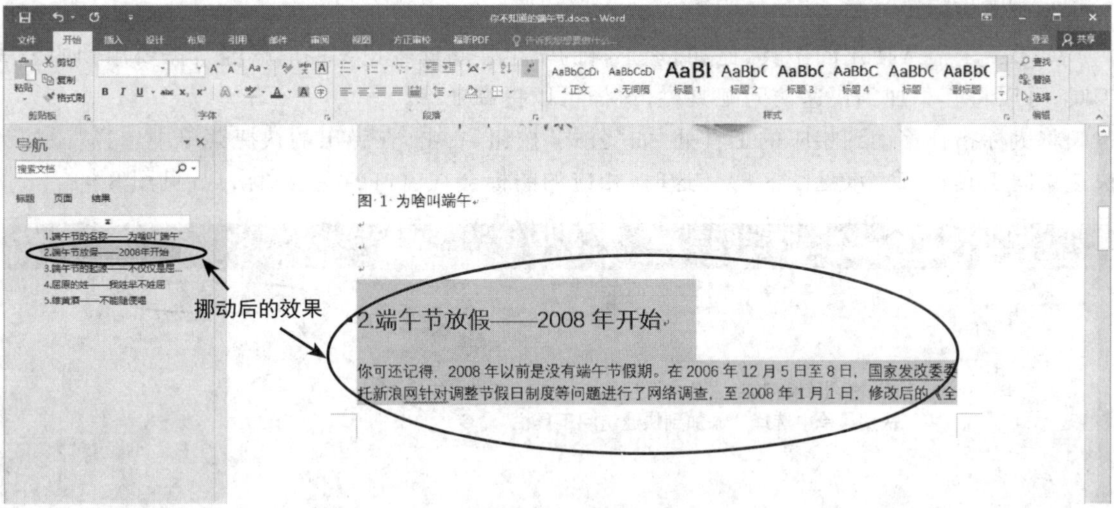
你不知道的端午节.docx - Word
图 1 为啥叫端午
1.端午节的名称——为啥叫"端午"
2.端午节放假——2008年开始
3.端午节的起源——不仅仅是屈...
4.屈原的姓——我姓芈不姓屈
5.雄黄酒——不能随便喝
挪动后的效果
2.端午节放假——2008 年开始
你可还记得，2008 年以前是没有端午节假期。在 2006 年 12 月 5 日至 8 日，国家发改委委托新浪网针对调整节假日制度等问题进行了网络调查，至 2008 年 1 月 1 日，修改后的《全

图 8-5　挪动后的效果

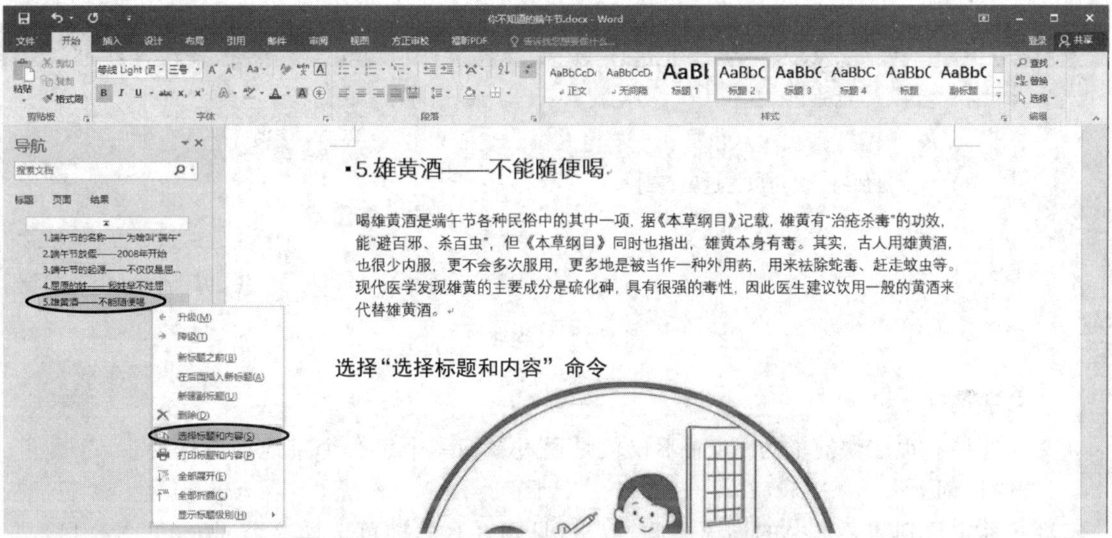
你不知道的端午节.docx - Word
5.雄黄酒——不能随便喝
喝雄黄酒是端午节各种民俗中的其中一项，据《本草纲目》记载，雄黄有"治疮杀毒"的功效，能"避百邪、杀百虫"，但《本草纲目》同时也指出，雄黄本身有毒。其实，古人用雄黄酒，也很少内服，更不会多次服用，更多地是被当作一种外用药，用来祛除蛇毒、赶走蚊虫等。现代医学发现雄黄的主要成分是硫化砷，具有很强的毒性，因此医生建议饮用一般的黄酒来代替雄黄酒。
选择"选择标题和内容"命令
升级(M)
降级(D)
新标题之前(B)
在后面插入新标题(A)
新建副标题(U)
删除(D)
选择标题和内容(S)
打印标题和内容(P)
全部展开(E)
全部折叠(C)
显示标题级别(H)

图 8-6　选择"选择标题和内容"命令

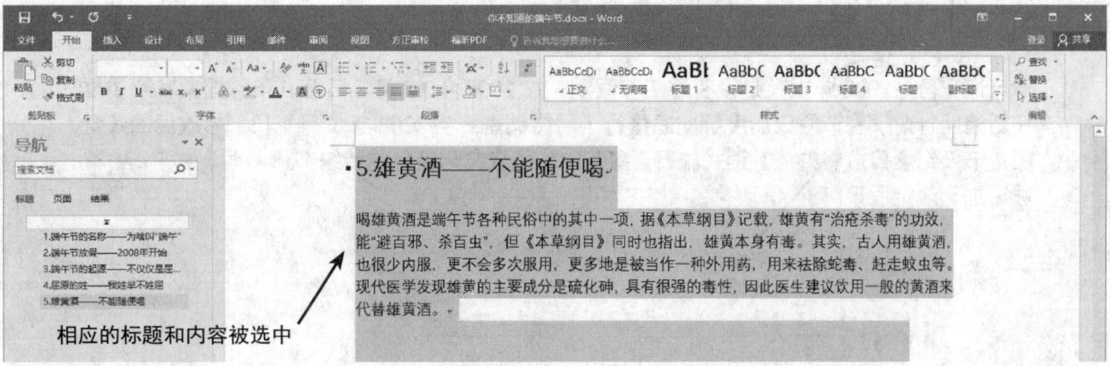
你不知道的端午节.docx - Word
5.雄黄酒——不能随便喝
喝雄黄酒是端午节各种民俗中的其中一项，据《本草纲目》记载，雄黄有"治疮杀毒"的功效，能"避百邪、杀百虫"，但《本草纲目》同时也指出，雄黄本身有毒。其实，古人用雄黄酒，也很少内服，更不会多次服用，更多地是被当作一种外用药，用来祛除蛇毒、赶走蚊虫等。现代医学发现雄黄的主要成分是硫化砷，具有很强的毒性，因此医生建议饮用一般的黄酒来代替雄黄酒。
相应的标题和内容被选中

图 8-7　选中指定的标题和内容

2. 快速访问工具栏

对于一个经常使用的工具，比如，理工科的学生在写课程论文的时候经常需要用到的公式工具，可以将其添加到快速访问工具栏，这样可以提高效率。

将鼠标指针移动到相应的工具处，如“公式”按钮，右击，在弹出的快捷菜单中选择“添加到快速访问工具栏”命令（见图 8-8）。这时，相应的图标会在窗口的左上角出现（见图 8-9）。

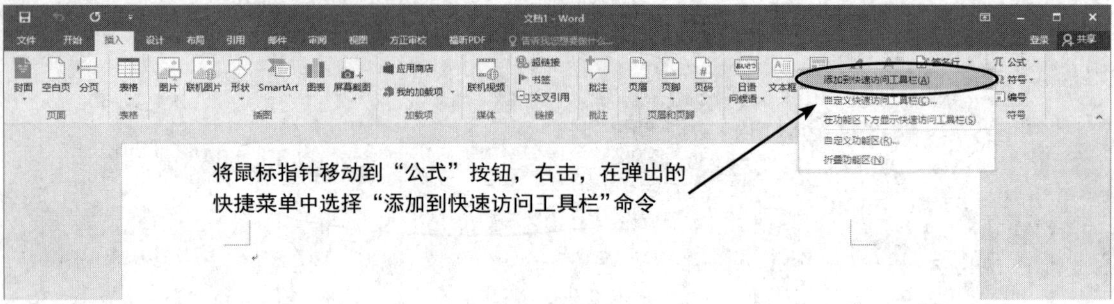
文档1 - Word
添加到快速访问工具栏(A)
自定义快速访问工具栏(C)...
在功能区下方显示快速访问工具栏(S)
自定义功能区(R)...
折叠功能区(N)
将鼠标指针移动到“公式”按钮，右击，在弹出的
快捷菜单中选择“添加到快速访问工具栏”命令

图 8-8　添加到快速访问工具栏

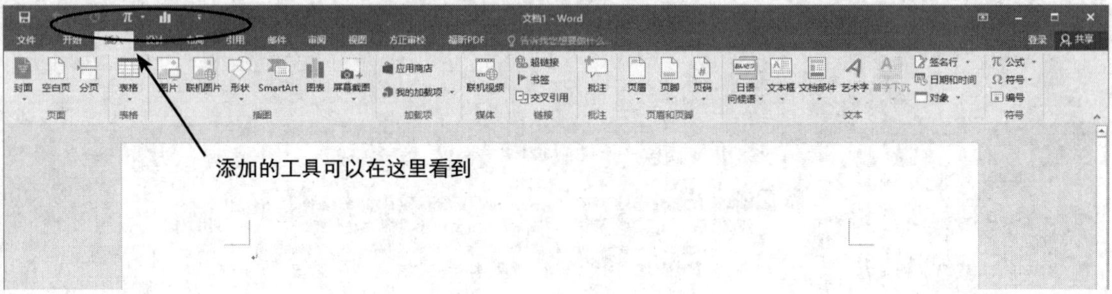
文档1 - Word
添加的工具可以在这里看到

图 8-9　最终效果

3. 文字选择

文字选择有很多快捷的方式，而不仅仅是通过鼠标一个字一个字地拖曳选择。

(1)选择词语

将光标定位到需要选择的词语中间，双击（见图 8-10），即可选择这个词语（见图 8-11）。

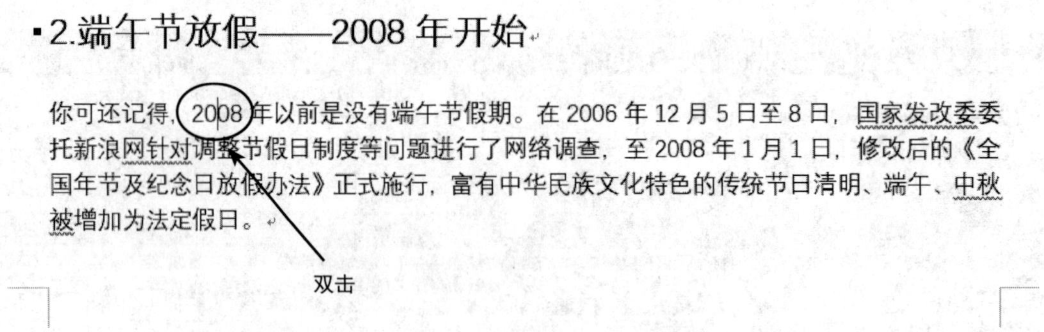
2.端午节放假——2008 年开始
你可还记得，2008 年以前是没有端午节假期。在 2006 年 12 月 5 日至 8 日，国家发改委委托新浪网针对调整节假日制度等问题进行了网络调查，至 2008 年 1 月 1 日，修改后的《全国年节及纪念日放假办法》正式施行，富有中华民族文化特色的传统节日清明、端午、中秋被增加为法定假日。
双击

图 8-10　选择词语 1

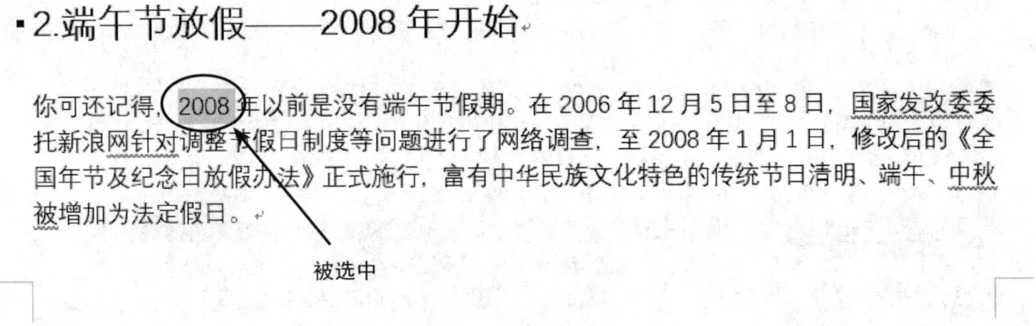
2.端午节放假——2008 年开始
你可还记得，2008 年以前是没有端午节假期。在 2006 年 12 月 5 日至 8 日，国家发改委委托新浪网针对调整节假日制度等问题进行了网络调查，至 2008 年 1 月 1 日，修改后的《全国年节及纪念日放假办法》正式施行，富有中华民族文化特色的传统节日清明、端午、中秋被增加为法定假日。
被选中

图 8-11　选择词语 2

(2)选择一行或多行文字

将鼠标指针放在需要选中的那一行的左侧，然后单击(见图 8-12)，该行即被选中(见图 8-13)，按住 Ctrl 键单击或按住鼠标左键不放上下拖曳，可选择多行(见图 8-14)。

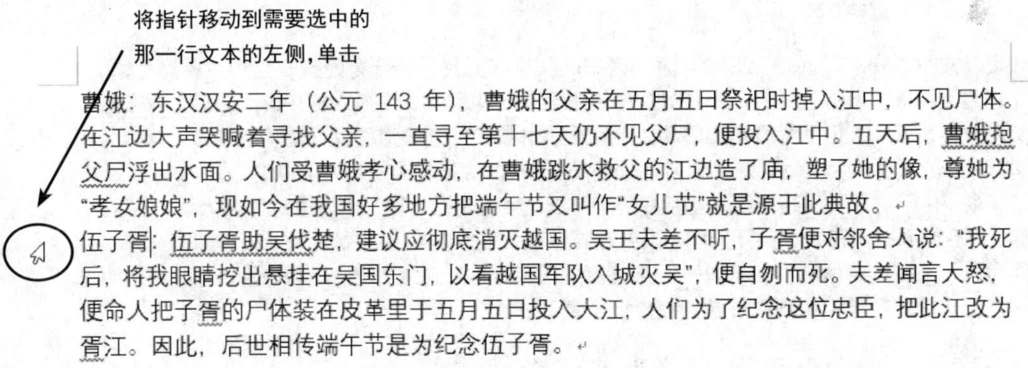
将指针移动到需要选中的
那一行文本的左侧，单击
曹娥：东汉汉安二年（公元 143 年），曹娥的父亲在五月五日祭祀时掉入江中，不见尸体。在江边大声哭喊着寻找父亲，一直寻至第十七天仍不见父尸，便投入江中。五天后，曹娥抱父尸浮出水面。人们受曹娥孝心感动，在曹娥跳水救父的江边造了庙，塑了她的像，尊她为"孝女娘娘"，现如今在我国好多地方把端午节又叫作"女儿节"就是源于此典故。
伍子胥：伍子胥助吴伐楚，建议彻底消灭越国。吴王夫差不听，子胥便对邻舍人说："我死后，将我眼睛挖出悬挂在吴国东门，以看越国军队入城灭吴"，便自刎而死。夫差闻言大怒，便命人把子胥的尸体装在皮革里于五月五日投入大江，人们为了纪念这位忠臣，把此江改为胥江。因此，后世相传端午节是为纪念伍子胥。

图 8-12　选择一行或多行文字 1

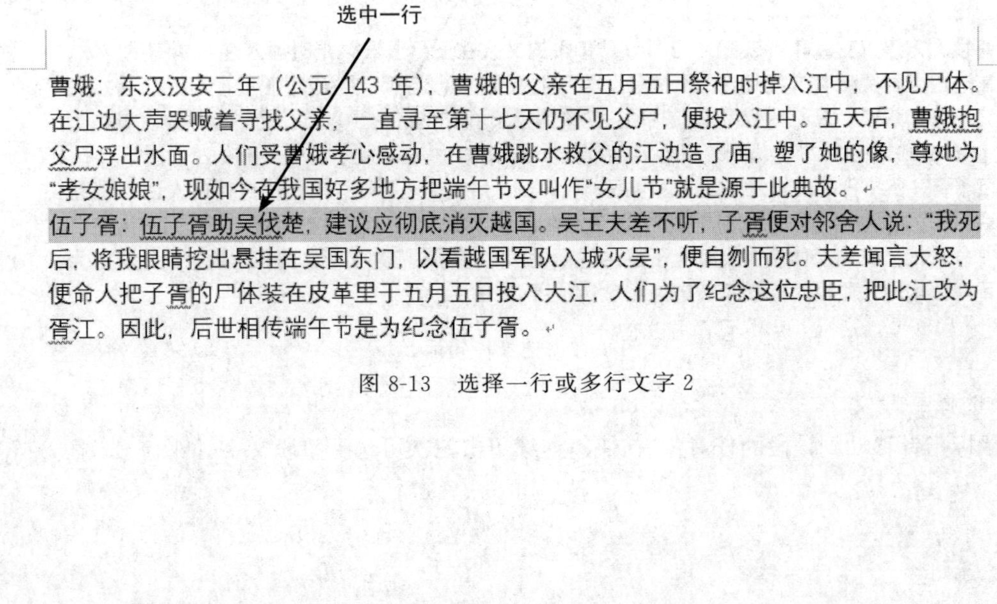
选中一行
曹娥：东汉汉安二年（公元 143 年），曹娥的父亲在五月五日祭祀时掉入江中，不见尸体。在江边大声哭喊着寻找父亲，一直寻至第十七天仍不见父尸，便投入江中。五天后，曹娥抱父尸浮出水面。人们受曹娥孝心感动，在曹娥跳水救父的江边造了庙，塑了她的像，尊她为"孝女娘娘"，现如今在我国好多地方把端午节又叫作"女儿节"就是源于此典故。
伍子胥：伍子胥助吴伐楚，建议彻底消灭越国。吴王夫差不听，子胥便对邻舍人说："我死后，将我眼睛挖出悬挂在吴国东门，以看越国军队入城灭吴"，便自刎而死。夫差闻言大怒，便命人把子胥的尸体装在皮革里于五月五日投入大江，人们为了纪念这位忠臣，把此江改为胥江。因此，后世相传端午节是为纪念伍子胥。

图 8-13　选择一行或多行文字 2

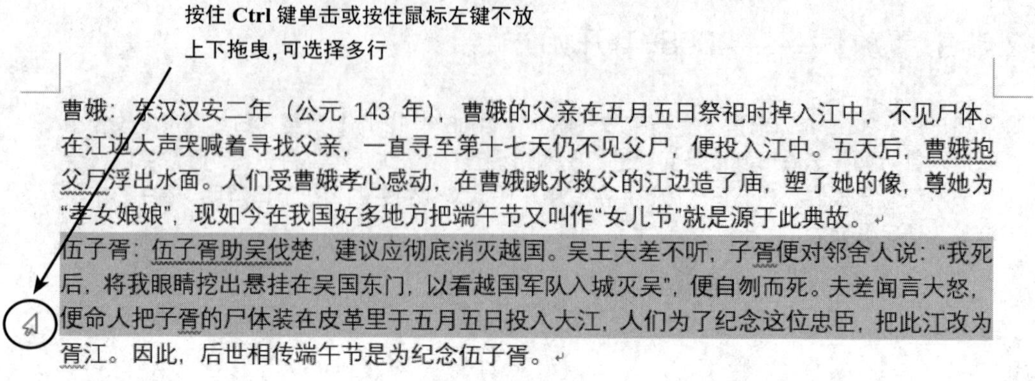

图 8-14　选择一行或多行文字 3

（3）选择一句话

将鼠标指针移动到该句的任意位置，按住 Ctrl 键并单击，该句话即被选中（见图 8-15、图 8-16）。

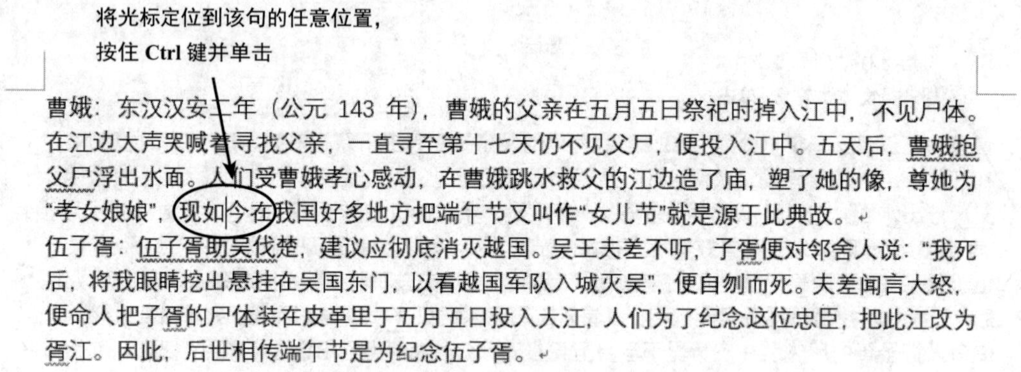

图 8-15　选择一句话 1

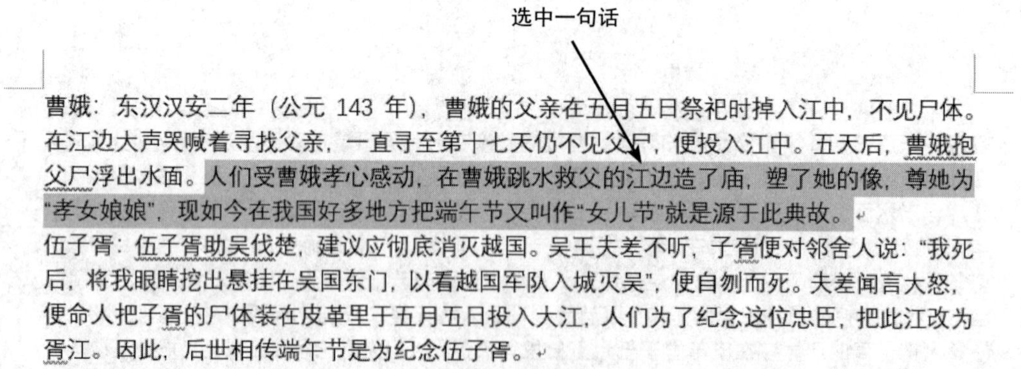

图 8-16　选择一句话 2

（4）选择一段文字

将鼠标指针移动到该段的任意位置，快速连续单击三次可选择整段文字（见图 8-17、图 8-18）。

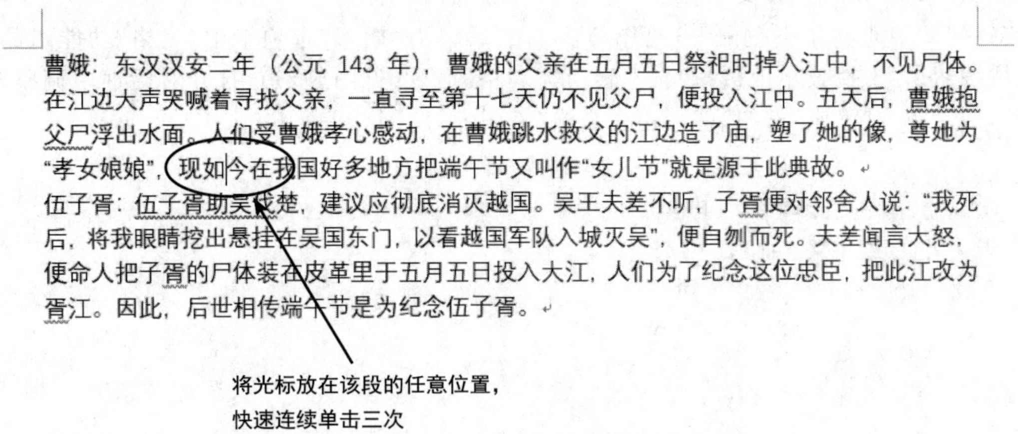

图 8-17　选择一段文字 1

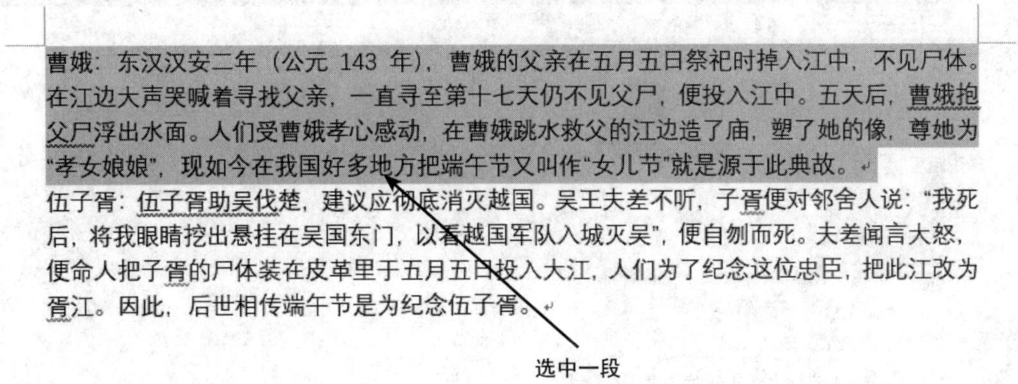

图 8-18　选择一段文字 2

(5)竖向选择

按住 Alt 键，同时按住鼠标左键并进行上下拖曳选择(见图 8-19)。

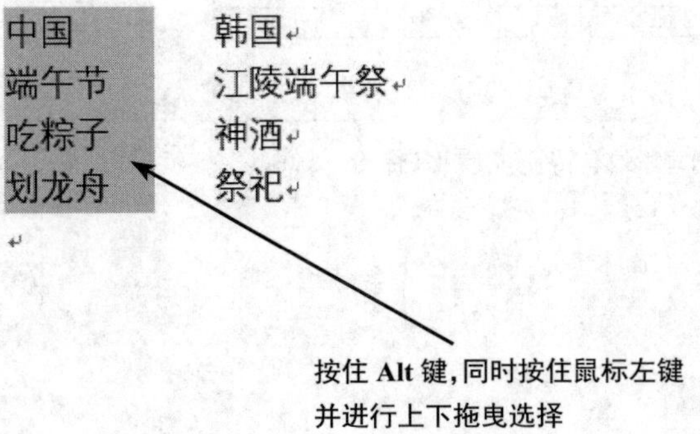

图 8-19　竖向选择

4. 文本转换成表格

插入表格也可以借助“文本转换成表格”功能，利用已有文字建立表格。

将每列文字通过 Tab 键隔开（见图 8-20），然后单击“插入”选项卡中“表格”功能组的“表格”下拉按钮，在下拉菜单中选择“文本转换为表格”命令（见图 8-21），打开对话框中调整合适的参数，最后单击“确定”按钮，即可建立表格（见图 8-22、图 8-23）。

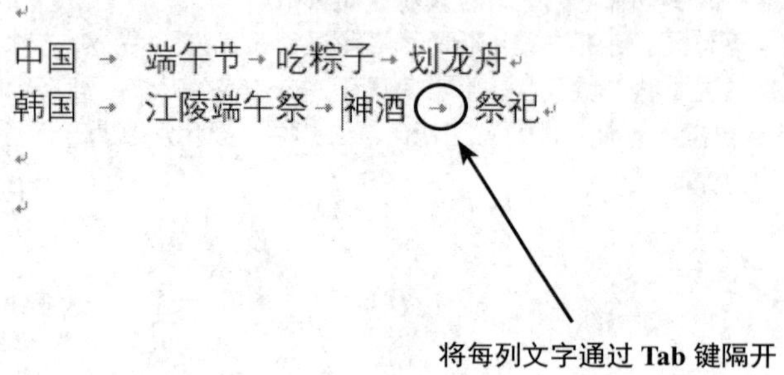

图 8-20　将文字用 Tab 键隔开

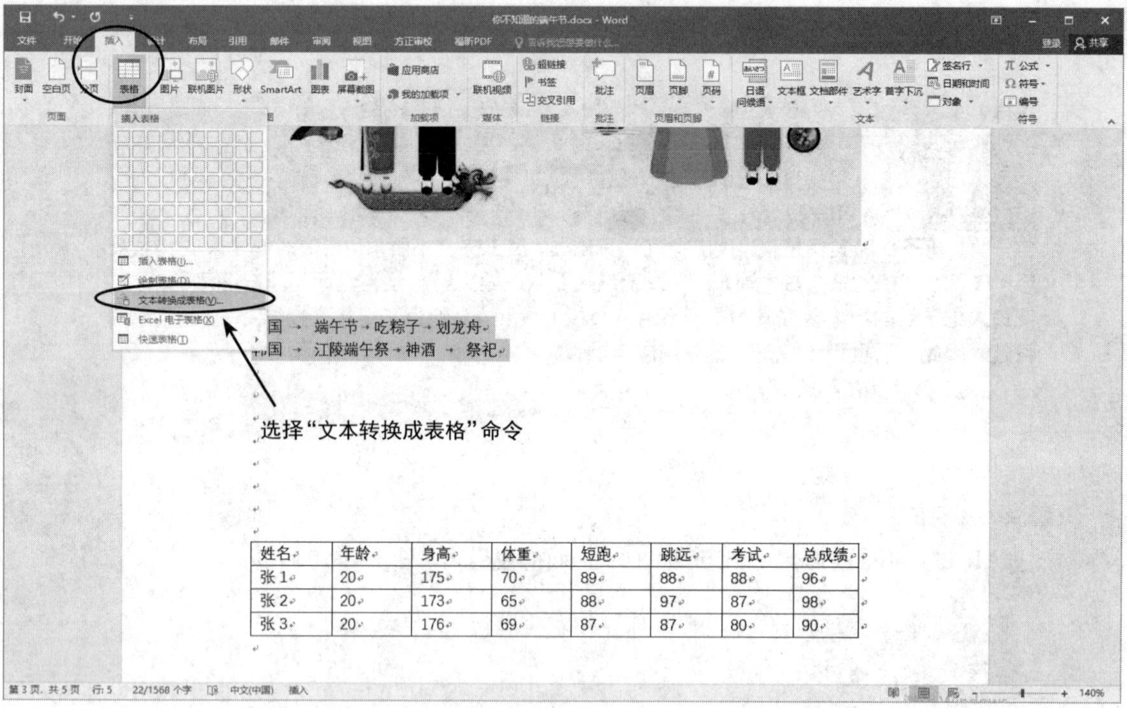

图 8-21　选择“文本转换成表格”命令

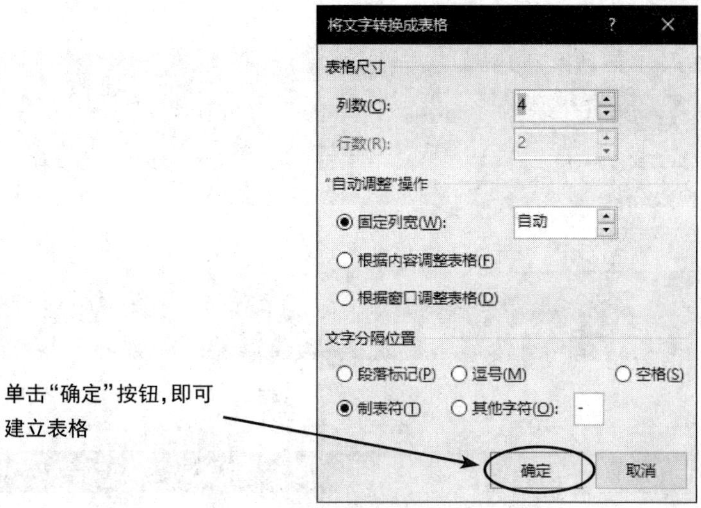

图 8-22　参数设置

中国	端午节	吃粽子	划龙舟
韩国	江陵端午祭	神酒	祭祀

图 8-23　最终效果

5. 批量删除空格

从 PDF 或者其他地方复制文字到 Word 中时,由于各种原因,文本里面可能有很多空格,一个个地删除太麻烦。这时可以借助查找和替换工具。

选择需要删除空格的文字,单击"开始"选项卡中"编辑"功能组的"替换"按钮。在"查找内容"下拉组合框中输入一个空格,"替换为"下拉组合框中不输入任何内容,单击"全部替换"按钮(见图 8-24),此时,被选中文字中的空格将被全部删除(见图 8-25)。也可通过"更多"→"特殊格式"→"空白区域"进行查找和替换(见图 8-26)。

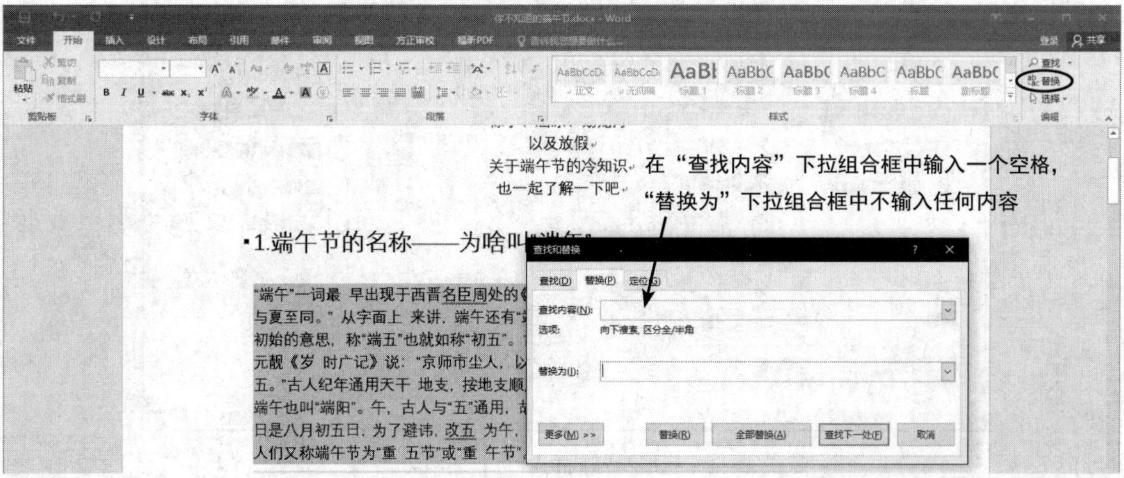

图 8-24　查找和替换

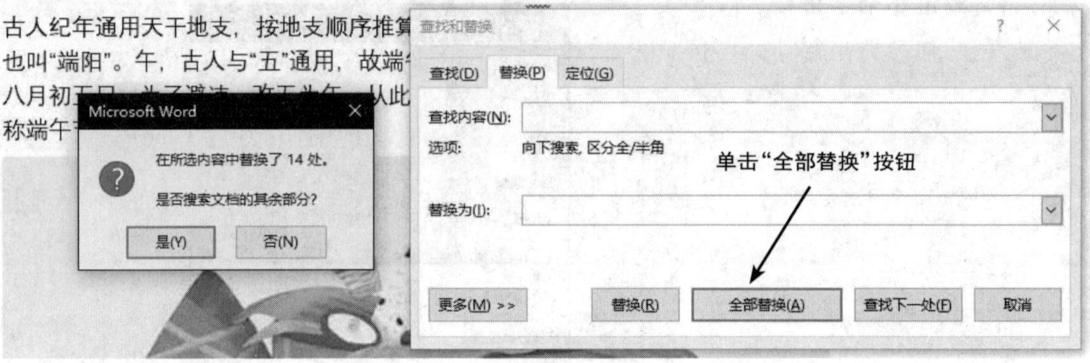

图 8-25　全部替换

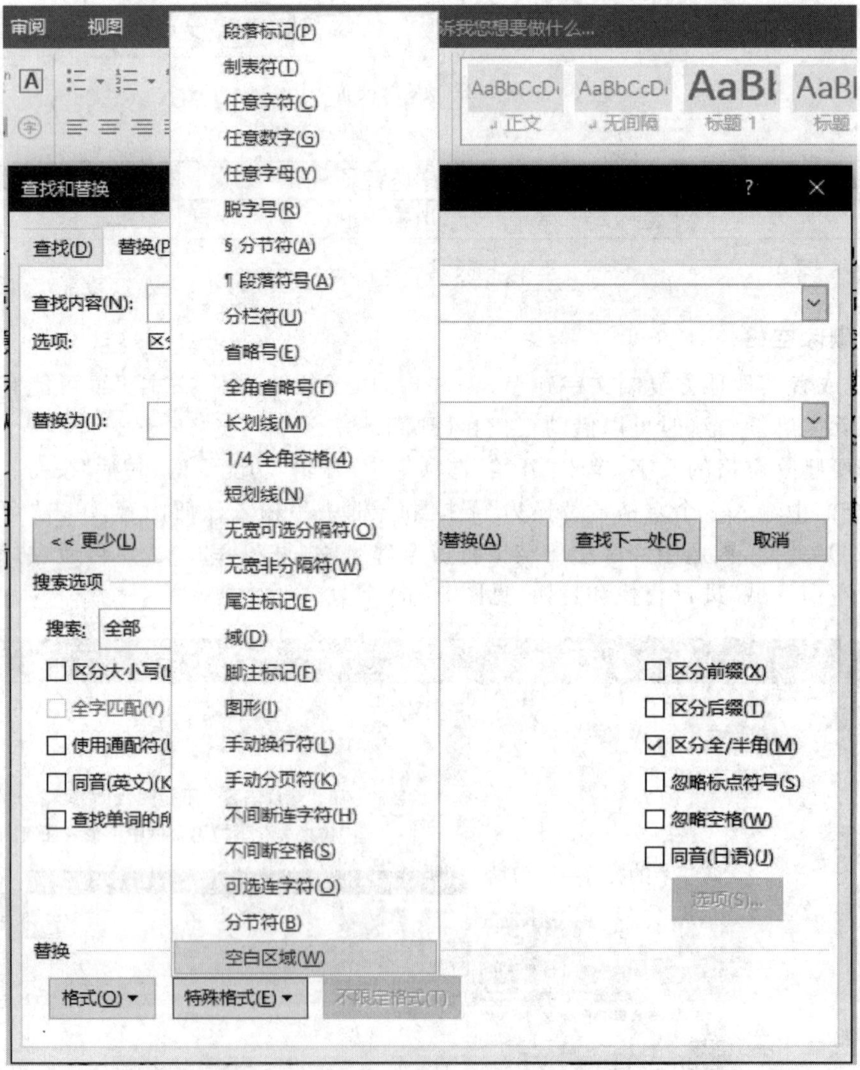

图 8-26　利用“特殊格式”进行查找和替换

6. 首行缩进 2 个字符

通常的写作习惯是在一个自然段的首行空两格，可以直接使用空格键逐段操作，而更快捷的方式是使用首行缩进功能进行批量操作。

选择文字，单击“开始”选项卡中“段落”功能组右下角的启动按钮，设置“特殊格式”为“首行缩进”，缩进值默认为 2 个字符，单击“确定”按钮即可(见图 8-27)。

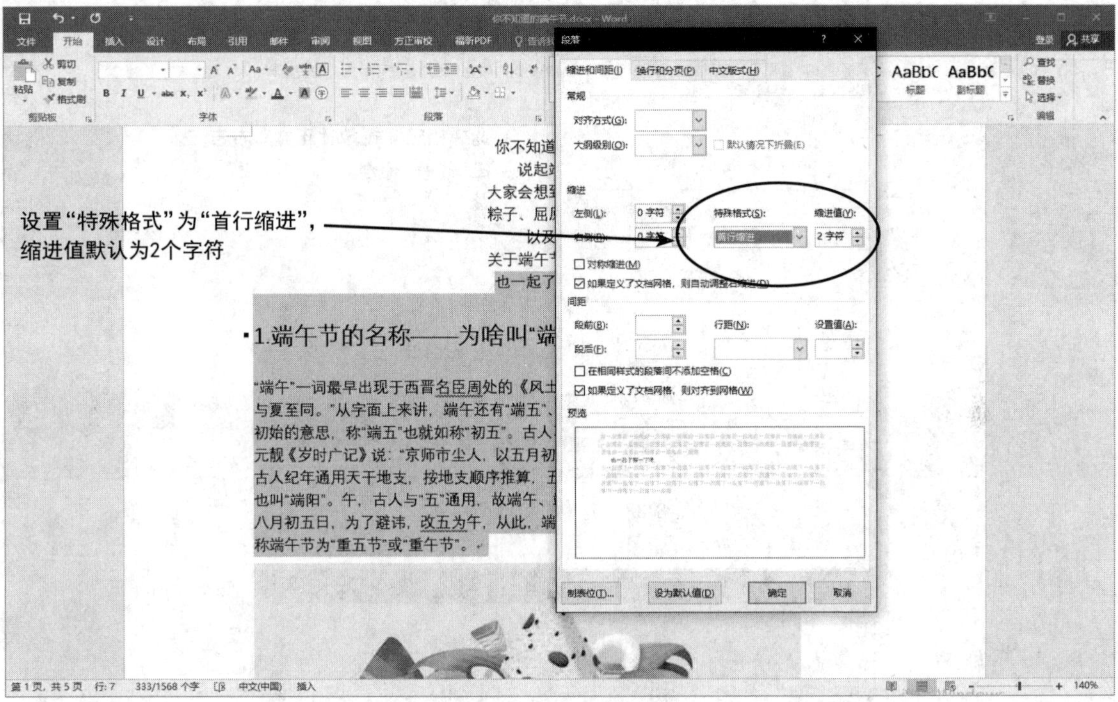

图 8-27　首行缩进设置

7. 批量修改文字格式

通常都是先选中文字，然后对其进行字体、大小、颜色等的修改。但是当对大量文字进行批量操作，如修改毕业论文格式时，可以直接对文字样式进行修改以提高效率。

在“开始”选项卡的“样式”功能组中选择相应样式，如“正文”，右击，在弹出的快捷菜单中选择“修改”命令(见图 8-28)，在打开的“修改样式”对话框中可重新设置所有“正文”样式的文字字体、大小、对齐、缩进等(见图 8-29)。

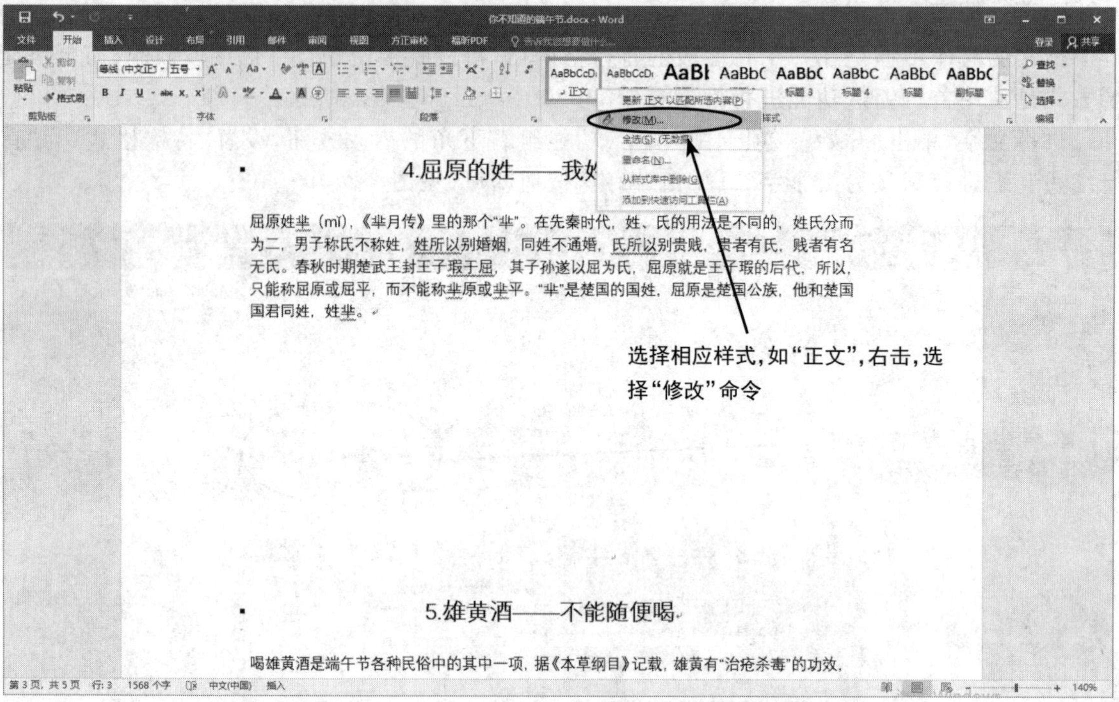
你不知道的端午节.docx - Word
文件
开始
插入
设计
布局
引用
邮件
审阅
视图
更新 正文 以匹配所选内容(P)
修改(M)...
全选(S): (无数据)
重命名(N)...
从样式库中删除(G)
添加到快速访问工具栏(A)
4.屈原的姓——我如
屈原姓芈（mǐ），《芈月传》里的那个"芈"。在先秦时代，姓、氏的用法是不同的，姓氏分而为二，男子称氏不称姓，姓所以别婚姻，同姓不通婚，氏所以别贵贱，贵者有氏，贱者有名无氏。春秋时期楚武王封王子瑕于屈，其子孙遂以屈为氏，屈原就是王子瑕的后代，所以，只能称屈原或屈平，而不能称芈原或芈平。"芈"是楚国的国姓，屈原是楚国公族，他和楚国国君同姓，姓芈。
选择相应样式，如"正文"，右击，选择"修改"命令
5.雄黄酒——不能随便喝
喝雄黄酒是端午节各种民俗中的其中一项，据《本草纲目》记载，雄黄有"治疮杀毒"的功效，
第 3 页，共 5 页
1568 个字
中文(中国)
140%

图 8-28　选择"修改"命令

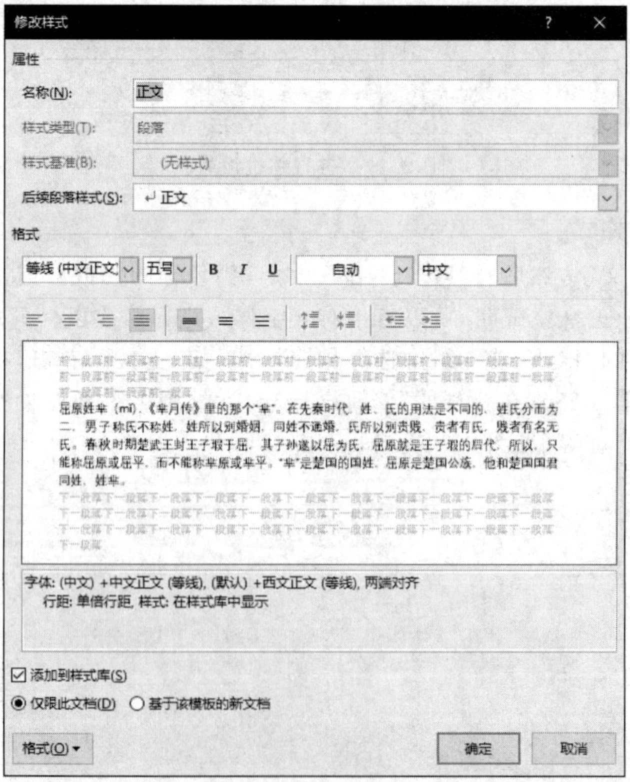
修改样式
属性
名称(N):
正文
样式类型(T):
段落
样式基准(B):
(无样式)
后续段落样式(S):
正文
格式
等线 (中文正文)
五号
自动
中文
屈原姓芈（mǐ），《芈月传》里的那个"芈"。在先秦时代，姓、氏的用法是不同的，姓氏分而为二，男子称氏不称姓，姓所以别婚姻，同姓不通婚，氏所以别贵贱，贵者有氏，贱者有名无氏。春秋时期楚武王封王子瑕于屈，其子孙遂以屈为氏，屈原就是王子瑕的后代，所以，只能称屈原或屈平，而不能称芈原或芈平。"芈"是楚国的国姓，屈原是楚国公族，他和楚国国君同姓，姓芈。
字体: (中文) +中文正文 (等线), (默认) +西文正文 (等线), 两端对齐
行距: 单倍行距, 样式: 在样式库中显示
添加到样式库(S)
仅限此文档(D)
基于该模板的新文档
格式(O)
确定
取消

图 8-29　"修改样式"对话框

8. 图(表)自动编号

Word 中可以手动给图表编写题注并进行编号，但是当调整其中一张图(表)时，后面图(表)的题注的编号都要进行修改，所以可以通过插入题注的功能使图(表)编号能自动顺延，并且当修改其中一个图(表)编号时，其他编号自动更新。

选中图(表)，单击“引用”选项卡中“题注”功能组的“插入题注”按钮，打开“题注”对话框。单击“新建标签”按钮，打开“新建标签”对话框，在“标签”文本框中输入新标签，如“图”，单击“确定”按钮，返回“题注”对话框，此时在“题注”文本框中已自动输入标签和编号，可继续输入图(表)名称等，如图 8-30 所示，单击“确定”按钮。

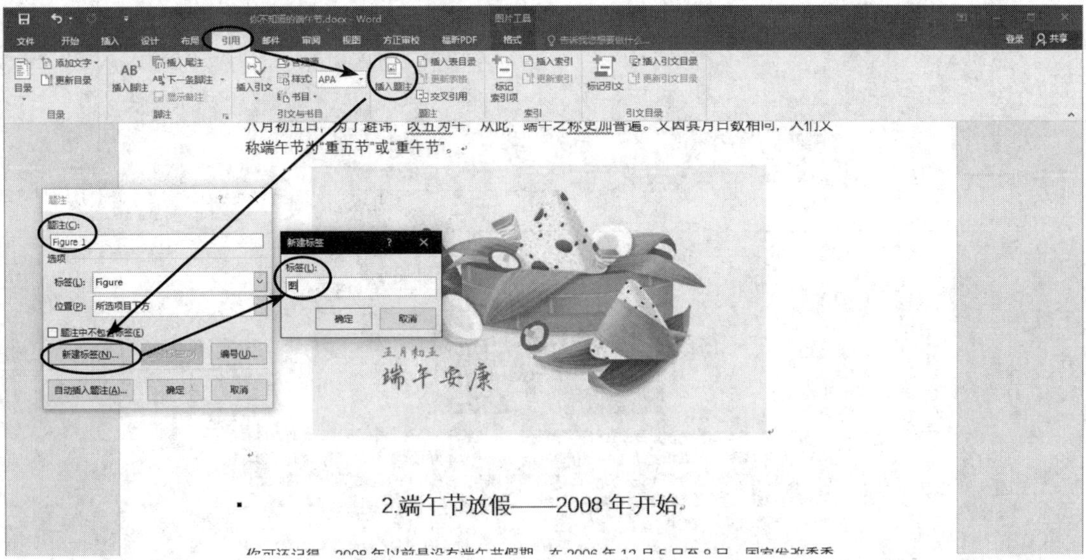
称端午节为“重五节”或“重午节”。
五月初五
端午安康
2.端午节放假——2008 年开始

图 8-30　插入题注

9. 合并多个文档

当需要把多个 Word 文档的内容进行合并时，对全文复制、粘贴并不是最快捷的方法，可以使用插入对象功能。

打开文档，单击“插入”选项卡中“文本”功能组的“对象”下拉按钮，在下拉菜单中选择“文件中的文字”命令(见图 8-31)，在打开的“插入文件”对话框中选择需要插入的文档，单击“插入”按钮(见图 8-32)，可插入多个文档的内容，且插入的文字与图片会与现有文档直接合并(见图 8-33)；在下拉菜单中选择“对象”命令(见图 8-34)，可以将文档以图标的形式插入(见图 8-35)，双击图标可打开对应文档(见图 8-36)，方便多个内容的展示。

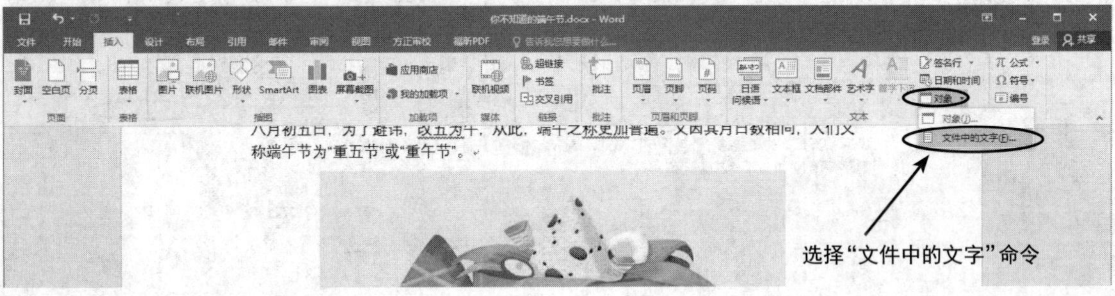
称端午节为“重五节”或“重午节”。
选择“文件中的文字”命令

图 8-31　选择“文件中的文字”命令

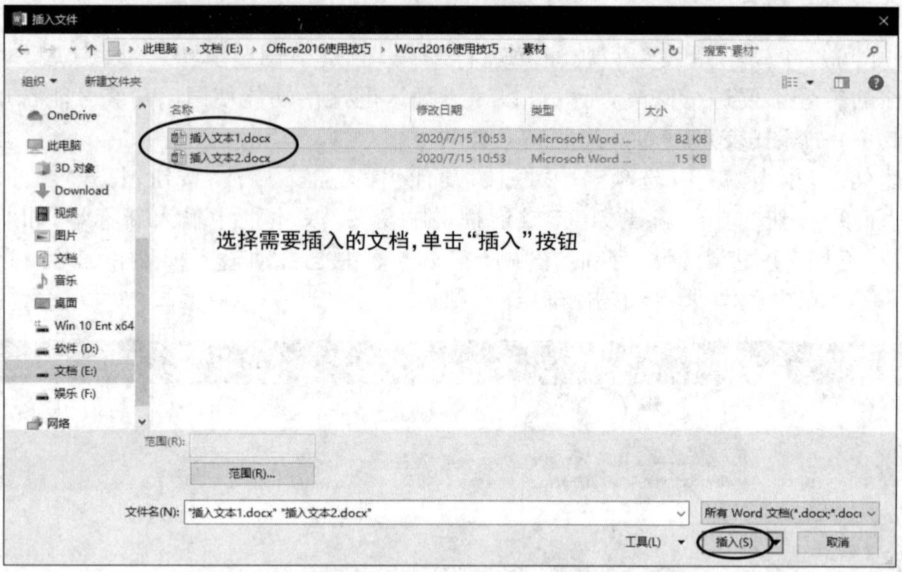
插入文件
此电脑 › 文档 (E:) › Office2016使用技巧 › Word2016使用技巧 › 素材
搜索"素材"
组织 ▾
新建文件夹
名称
修改日期
类型
大小
插入文本1.docx
2020/7/15 10:53
Microsoft Word ...
82 KB
插入文本2.docx
2020/7/15 10:53
Microsoft Word ...
15 KB
OneDrive
此电脑
3D 对象
Download
视频
图片
文档
音乐
桌面
Win 10 Ent x64
软件 (D:)
文档 (E:)
娱乐 (F:)
网络
选择需要插入的文档，单击"插入"按钮
范围(R):
范围(R)...
文件名(N): "插入文本1.docx" "插入文本2.docx"
所有 Word 文档(*.docx;*.doc
工具(L)
插入(S)
取消

图 8-32 “插入文件”对话框

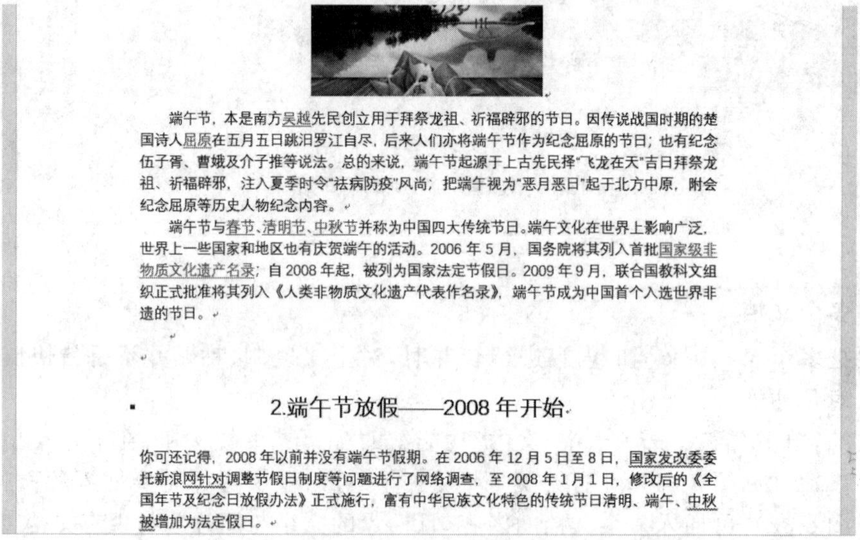
端午节，本是南方吴越先民创立用于拜祭龙祖、祈福辟邪的节日。因传说战国时期的楚国诗人屈原在五月五日跳汨罗江自尽，后来人们亦将端午节作为纪念屈原的节日；也有纪念伍子胥、曹娥及介子推等说法。总的来说，端午节起源于上古先民择"飞龙在天"吉日拜祭龙祖、祈福辟邪，注入夏季时令"祛病防疫"风尚；把端午视为"恶月恶日"起于北方中原，附会纪念屈原等历史人物纪念内容。
端午节与春节、清明节、中秋节并称为中国四大传统节日。端午文化在世界上影响广泛，世界上一些国家和地区也有庆贺端午的活动。2006 年 5 月，国务院将其列入首批国家级非物质文化遗产名录；自 2008 年起，被列为国家法定节假日。2009 年 9 月，联合国教科文组织正式批准将其列入《人类非物质文化遗产代表作名录》，端午节成为中国首个入选世界非遗的节日。
2.端午节放假——2008 年开始
你可还记得，2008 年以前并没有端午节假期。在 2006 年 12 月 5 日至 8 日，国家发改委委托新浪网针对调整节假日制度等问题进行了网络调查，至 2008 年 1 月 1 日，修改后的《全国年节及纪念日放假办法》正式施行，富有中华民族文化特色的传统节日清明、端午、中秋被增加为法定假日。

图 8-33 文档合并

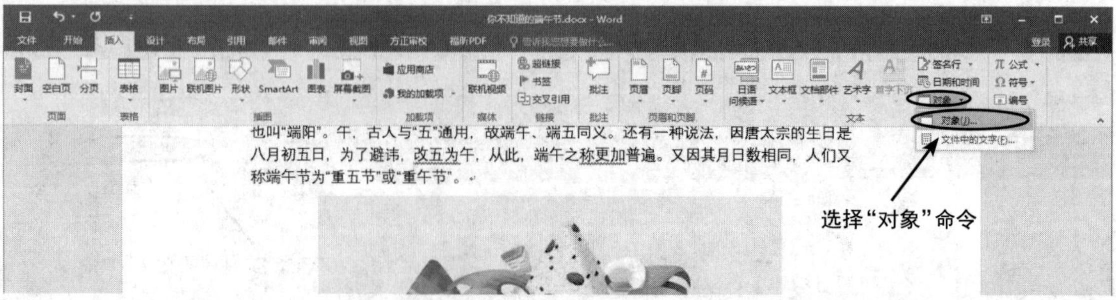
你不知道的端午节.docx - Word
文件
开始
插入
设计
布局
引用
邮件
审阅
视图
方正审校
福昕PDF
登录
共享
封面
空白页
分页
表格
图片
联机图片
形状
SmartArt
图表
屏幕截图
应用商店
我的加载项
联机视频
超链接
书签
交叉引用
批注
页眉
页脚
页码
文本框
文档部件
艺术字
签名行
日期和时间
对象
π 公式
Ω 符号
编号
页面
表格
插图
加载项
媒体
链接
批注
页眉和页脚
文本
对象(J)...
文件中的文字(F)...
也叫"端阳"。午，古人与"五"通用，故端午、端五同义。还有一种说法，因唐太宗的生日是八月初五日，为了避讳，改五为午，从此，端午之称更加普遍。又因其月日数相同，人们又称端午节为"重五节"或"重午节"。
选择"对象"命令

图 8-34 选择“对象”命令

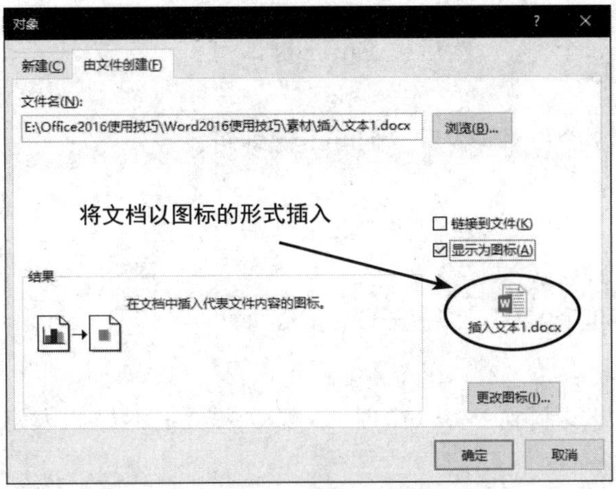

图 8-35 “对象”对话框

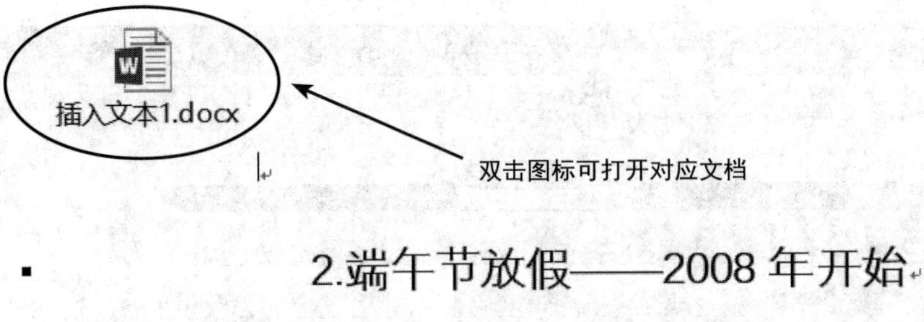

图 8-36 以图标形式插入

10. 快速插入分隔线

当我们需要快速插入和页面宽度一样的长直线、长虚线、波浪线、双直线、中间加粗三直线等分隔线时，可以进行如下操作。

(1)绘制长直线

在文档中连续输入 3 个“-”，然后按 Enter 键即可(见图 8-37、图 8-38)。

图 8-37 连续输入 3 个“-”

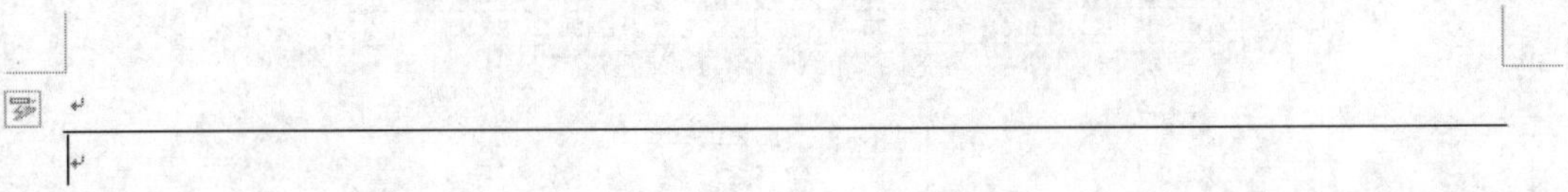

图 8-38 生成长直线

(2)绘制长虚线

在文档中连续输入3个“*”,然后按Enter键即可。

(3)绘制波浪线

在文档中连续输入3个“～”,然后按Enter键即可。

(4)绘制双直线

在文档中连续输入3个“=”,然后按Enter键即可。

(5)绘制中间加粗三直线

在文档中连续输入3个“#”,然后按Enter键即可。

11. 自动调整表格

当把Excel中的表格复制到Word中时,展现效果总是不尽如人意的,想要完美复制只需进行下面的操作。

选中复制到Word中的表格,单击“表格工具、布局”选项卡中“单元格大小”组的“自动调整”下拉按钮,可以根据窗口自动调整表格(见图8-39、图8-40)。

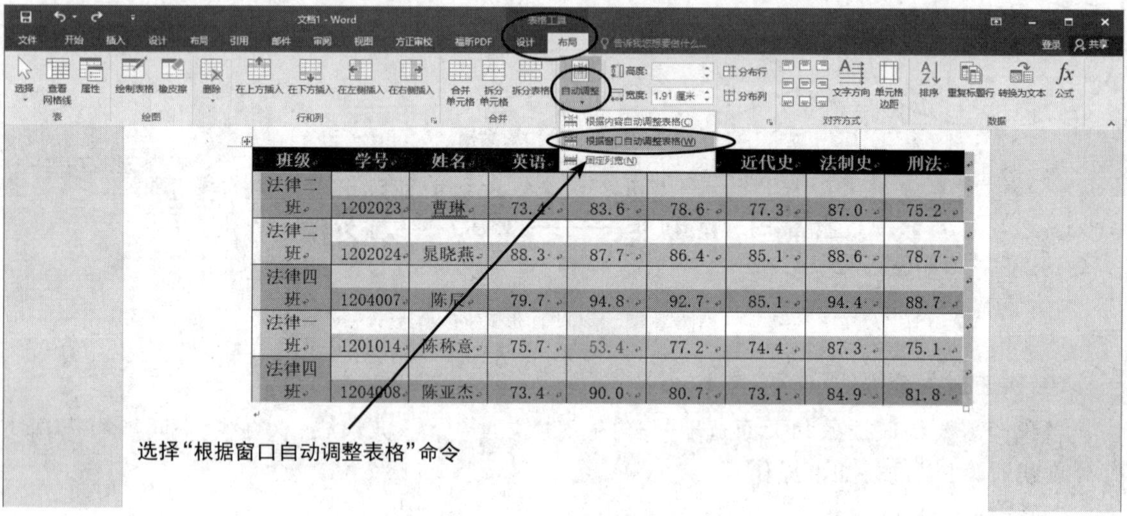
选择“根据窗口自动调整表格”命令

图8-39 自动调整

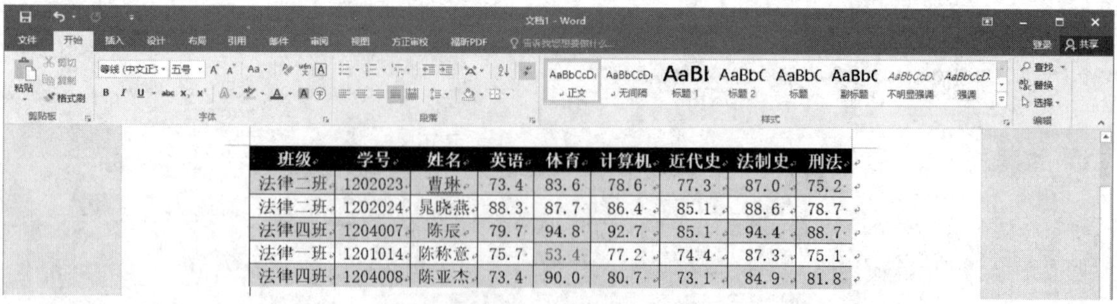

图8-40 最终效果

12. 快速替换字体

在Word中,通过修改样式可以对应用了相应样式的内容进行字体修改。此外,也可以通过查找和替换功能来快速替换字体。

打开“查找和替换”对话框，将光标定位到“查找内容”下拉组合框中，选择“格式”→“字体”命令(见图 8-41，如果没有“格式”按钮，单击“更多”按钮)，选择需要替换的字体(见图 8-42)，再用类似的方法，选择相应想要替换成的字体，最后单击“替换”或“全部替换”按钮即可完成替换(见图 8-43、图 8-44)。

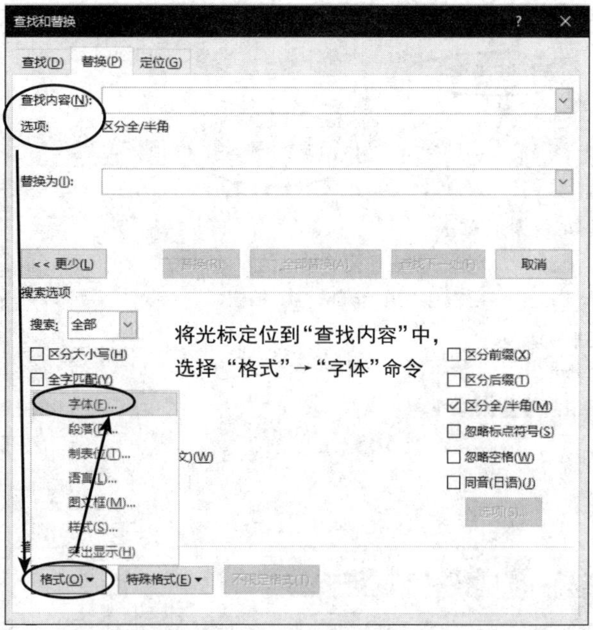

图 8-41 “查找和替换”对话框

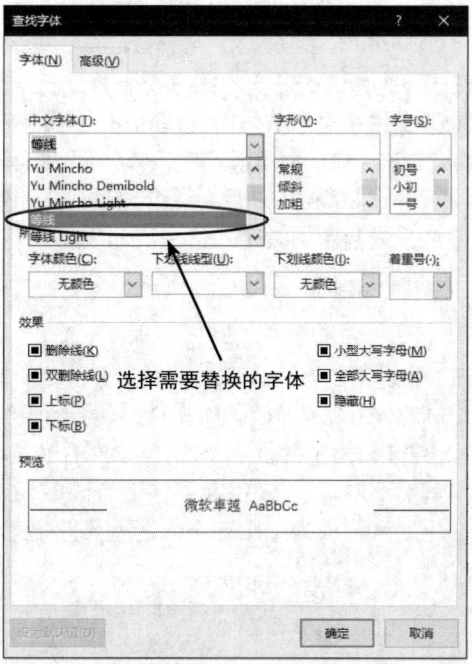

图 8-42 选择要替换的字体

图 8-43　选择想要替换成的字体

端午节在日本、新加坡、韩国、越南、菲律宾等国家都十分流行，其中，韩国的端午节叫作江陵端午祭，是韩国江陵地区农民在端午节气时间里特有的一种巫俗祭祀活动，2005 年被联合国教科文组织宣布为“人类口头和非物质遗产代表作”。不过这与我们中国“吃粽子、赛龙舟、纪念屈原”的端午节截然不同，2009 年 9 月，联合国教科文组织正式审议并批准中国端午节列入世界非物质文化遗产，成为中国首个入选世界非物质文化遗产的节日。

替换前——等线

端午节在日本、新加坡、韩国、越南、菲律宾等国家都十分流行，其中，韩国的端午节叫作江陵端午祭，是韩国江陵地区农民在端午节气时间里特有的一种巫俗祭祀活动，2005 年被联合国教科文组织宣布为“人类口头和非物质遗产代表作”。不过这与我们中国“吃粽子、赛龙舟、纪念屈原”的端午节截然不同，2009 年 9 月，联合国教科文组织正式审议并批准中国端午节列入世界非物质文化遗产，成为中国首个入选世界非物质文化遗产的节日。

替换后——宋体

图 8-44　最终效果

8.2 Excel 2016 使用技巧

1. 拆分表格

有时候需要把某一列数据分成多列数据，这时可以通过分列功能来实现。

选择需要分列的数据，单击“数据”选项卡中“数据工具”功能组的“分列”按钮，在打开的对话框中选中“分隔符号”单选按钮并单击“下一步”按钮(见图 8-45)；选择对应的分隔符号，同时注意观察“数据预览”栏(见图 8-46)，选择分列的目标区域并单击“完成”按钮(见图 8-47、图 8-48)。

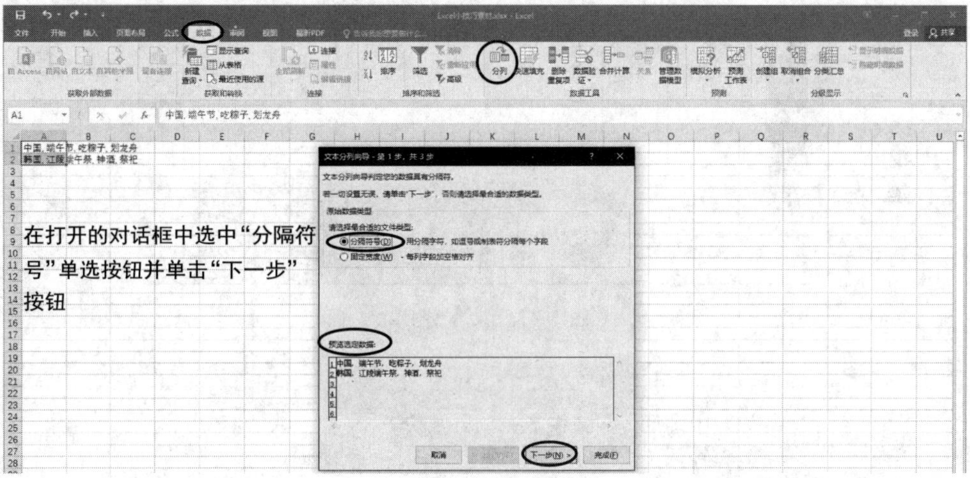
在打开的对话框中选中“分隔符号”单选按钮并单击“下一步”按钮

图 8-45　文本分列 1

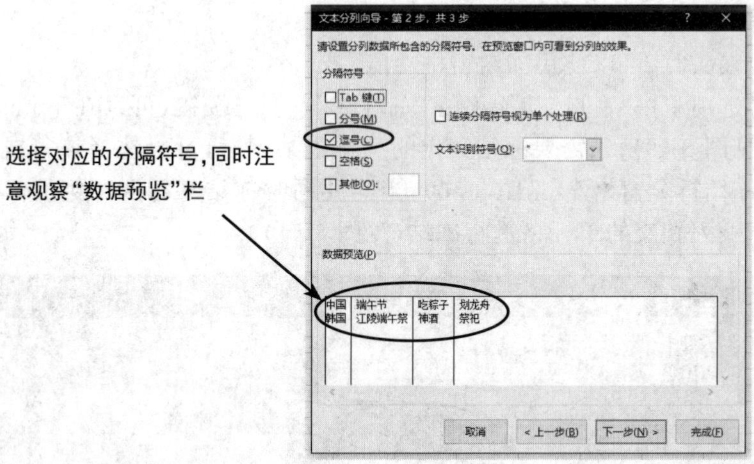
选择对应的分隔符号，同时注意观察“数据预览”栏
文本分列向导 - 第 2 步，共 3 步
分隔符号
取消
< 上一步(B)
下一步(N) >
完成(F)

图 8-46　文本分列 2

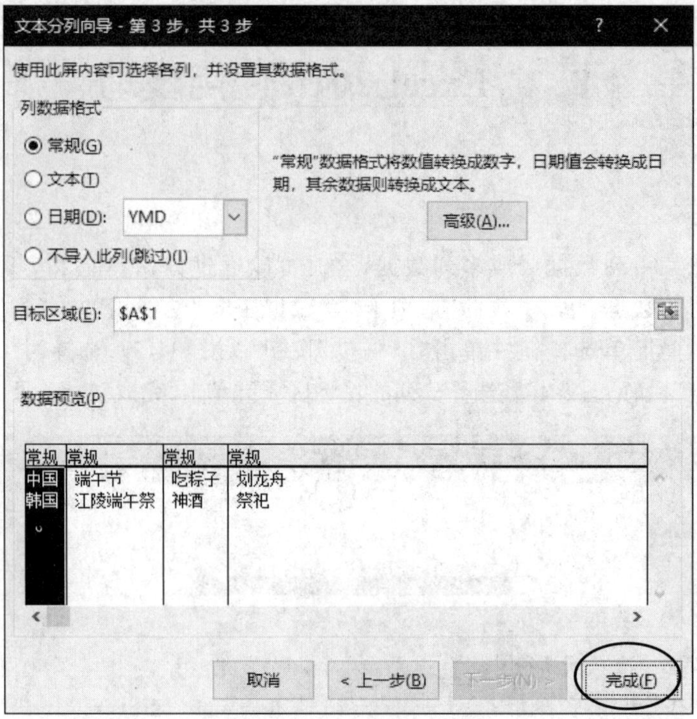

图 8-47　文本分列 3

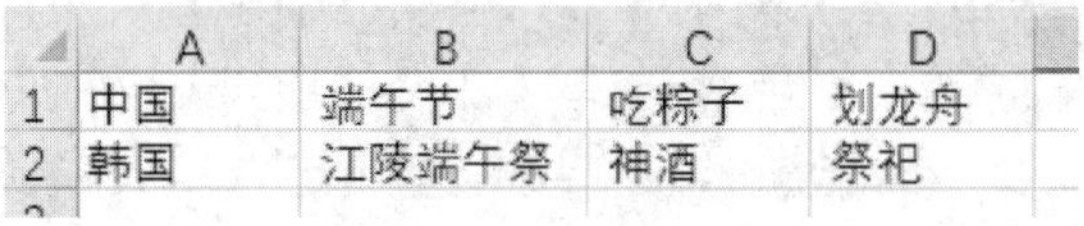

图 8-48　最终效果

2. 冻结窗格

当需要锁定表头时，可以使用冻结窗格功能。

单击“视图”选项卡中“窗口”功能组的“冻结窗格”下拉按钮，可以在下拉菜单中选择冻结首行或者首列（见图 8-49）；当需要冻结固定的某行或某列时，可以选择该行或该列，然后在下拉菜单中选择“冻结拆分窗格”（见图 8-50）；当需要同时冻结某行和某列时，可选择该行的下一行与该列的下一列相交的单元格进行冻结（见图 8-51）。

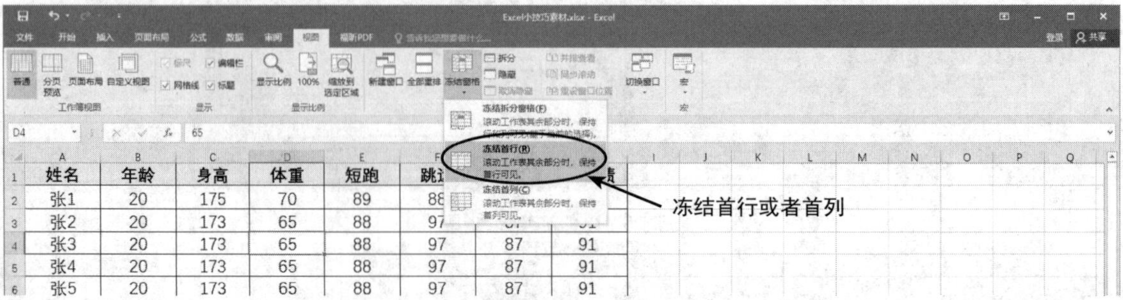

图 8-49　冻结首行或首列

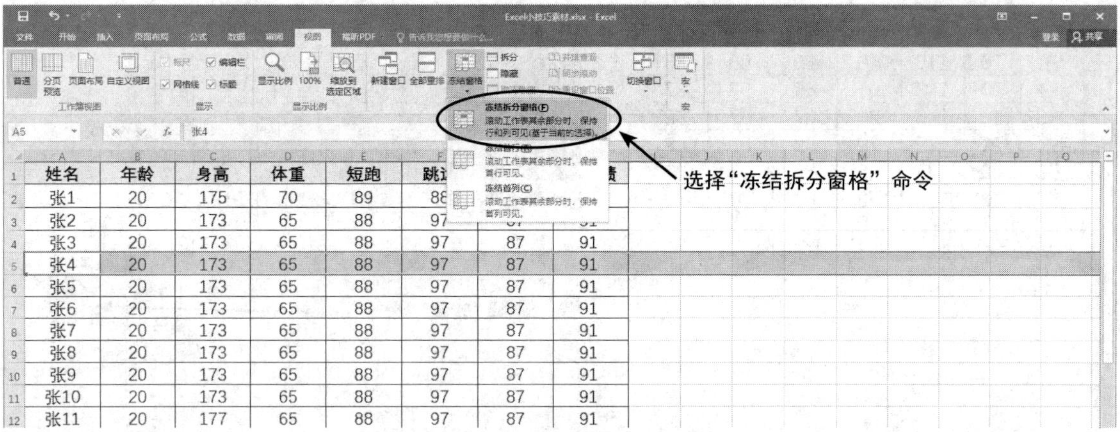
选择“冻结拆分窗格”命令

图 8-50　冻结某行或某列

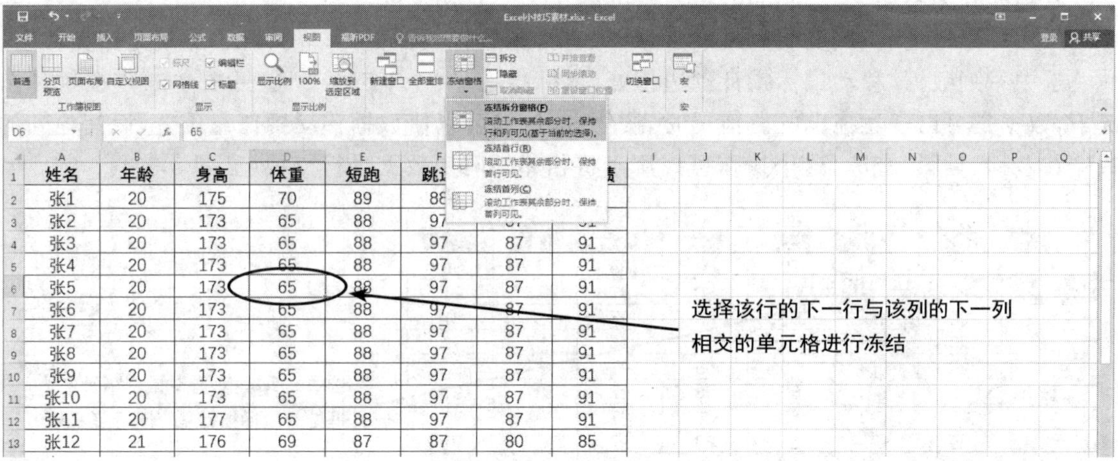
选择该行的下一行与该列的下一列
相交的单元格进行冻结

图 8-51　同时冻结某行和某列

3. 表格行列互换

调换表格的行与列，其实利用复制、粘贴功能就可以实现。

选中需要转换的表格，复制并粘贴到想要的位置后，单击“粘贴选项”下拉按钮，在下拉菜单中选择“转置”，就可以完成表格行与列的调换(见图 8-52、图 8-53)。

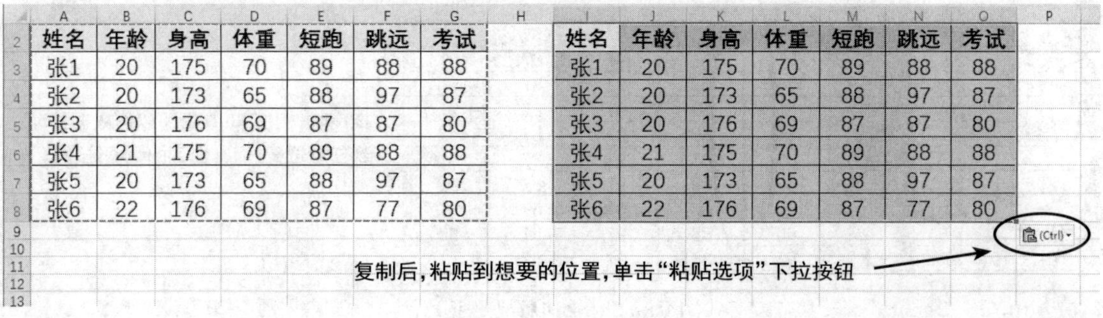
复制后，粘贴到想要的位置，单击“粘贴选项”下拉按钮

图 8-52　粘贴选项

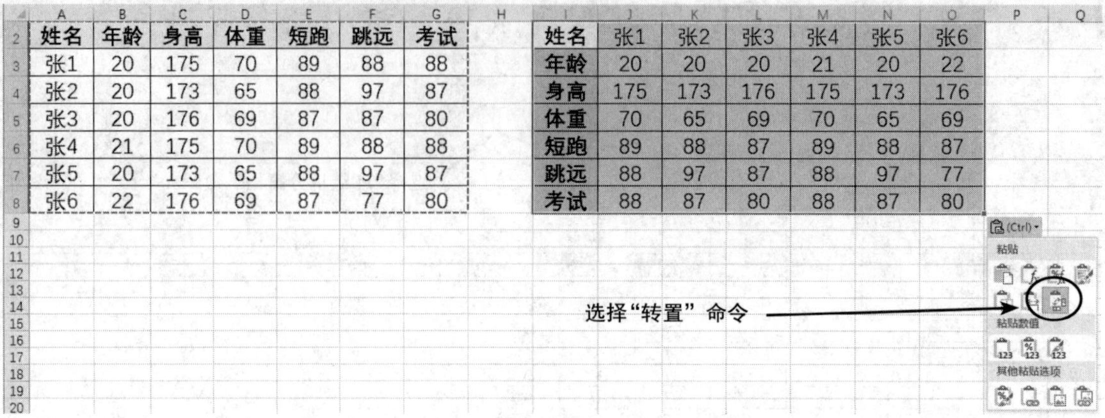
(Ctrl)
粘贴
选择"转置"命令
粘贴数值
其他粘贴选项

姓名	年龄	身高	体重	短跑	跳远	考试
张1	20	175	70	89	88	88
张2	20	173	65	88	97	87
张3	20	176	69	87	87	80
张4	21	175	70	89	88	88
张5	20	173	65	88	97	87
张6	22	176	69	87	77	80

姓名	张1	张2	张3	张4	张5	张6
年龄	20	20	20	21	20	22
身高	175	173	176	175	173	176
体重	70	65	69	70	65	69
短跑	89	88	87	89	88	87
跳远	88	97	87	88	97	77
考试	88	87	80	88	87	80

图 8-53　最终效果

4. 快速移动数据

虽然可以通过剪切、复制和粘贴来移动数据，但是有一种更简单的方法，那就是拖曳移动。

选中一列数据，移动鼠标指针到边框处，鼠标指针呈"十"字箭头状（见图 8-54），在这种情况下，数据是可以任意拖曳的。拖曳时，按住 Shift 键可以使数据移动到任意位置，而其他列的数据往左移（见图 8-55），这个操作可以用于将相邻的两列数据进行交换（见图 8-56）。

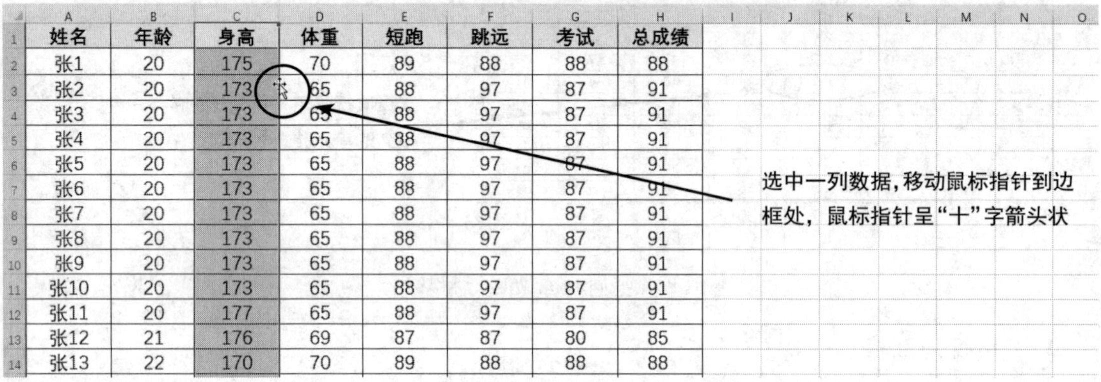
选中一列数据，移动鼠标指针到边框处，鼠标指针呈"十"字箭头状

姓名	年龄	身高	体重	短跑	跳远	考试	总成绩
张1	20	175	70	89	88	88	88
张2	20	173	65	88	97	87	91
张3	20	173	65	88	97	87	91
张4	20	173	65	88	97	87	91
张5	20	173	65	88	97	87	91
张6	20	173	65	88	97	87	91
张7	20	173	65	88	97	87	91
张8	20	173	65	88	97	87	91
张9	20	173	65	88	97	87	91
张10	20	173	65	88	97	87	91
张11	20	177	65	88	97	87	91
张12	21	176	69	87	87	80	85
张13	22	170	70	89	88	88	88

图 8-54　快速移动数据 1

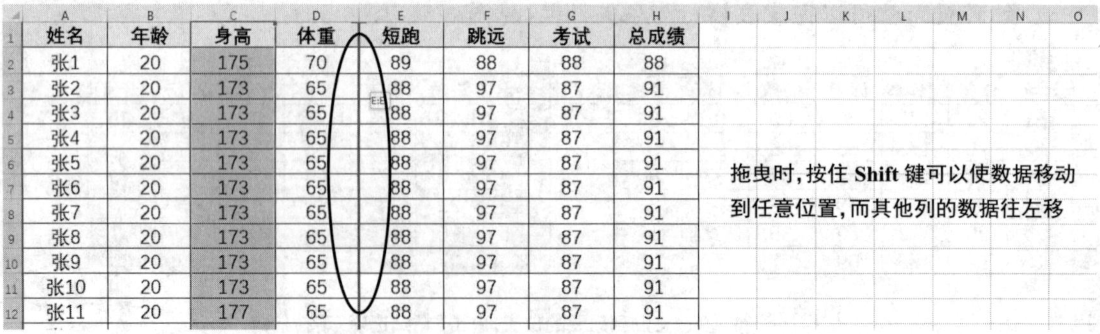
拖曳时，按住 Shift 键可以使数据移动到任意位置，而其他列的数据往左移

姓名	年龄	身高	体重	短跑	跳远	考试	总成绩
张1	20	175	70	89	88	88	88
张2	20	173	65	88	97	87	91
张3	20	173	65	88	97	87	91
张4	20	173	65	88	97	87	91
张5	20	173	65	88	97	87	91
张6	20	173	65	88	97	87	91
张7	20	173	65	88	97	87	91
张8	20	173	65	88	97	87	91
张9	20	173	65	88	97	87	91
张10	20	173	65	88	97	87	91
张11	20	177	65	88	97	87	91

图 8-55　快速移动数据 2

姓名	年龄	体重	身高	短跑	跳远	考试	总成绩
张1	20	70	175	89	88	88	88
张2	20	65	173	88	97	87	91
张3	20	65	173	88	97	87	91
张4	20	65	173	88	97	87	91
张5	20	65	173	88	97	87	91
张6	20	65	173	88	97	87	91
张7	20	65	173	88	97	87	91
张8	20	65	173	88	97	87	91
张9	20	65	173	88	97	87	91
张10	20	65	173	88	97	87	91
张11	20	65	177	88	97	87	91
张12	21	69	176	87	87	80	85
张13	22	70	170	89	88	88	88

图 8-56　最终效果

5. 绘制斜线表头

利用 Excel 绘制表格时，可能会遇到斜线表头的绘制问题。

单击“插入”选项卡中“插图”功能组的“形状”下拉按钮，在下拉菜单中选择“直线”（见图 8-57），然后在表头的单元格处绘制一条斜线，选中绘制的斜线，可在“设置形状格式”任务窗格中进行颜色、宽度等设置（见图 8-58），用类似方式插入文本框，即可输入表头文字并移动到相应位置（见图 8-59）。

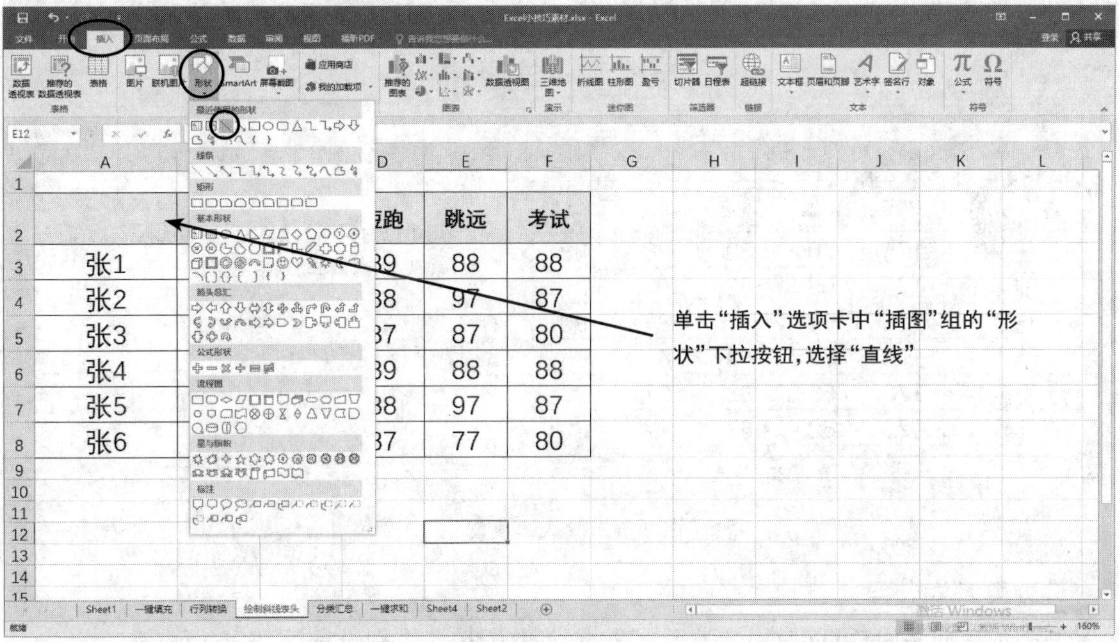
单击“插入”选项卡中“插图”组的“形状”下拉按钮，选择“直线”

图 8-57　绘制斜线

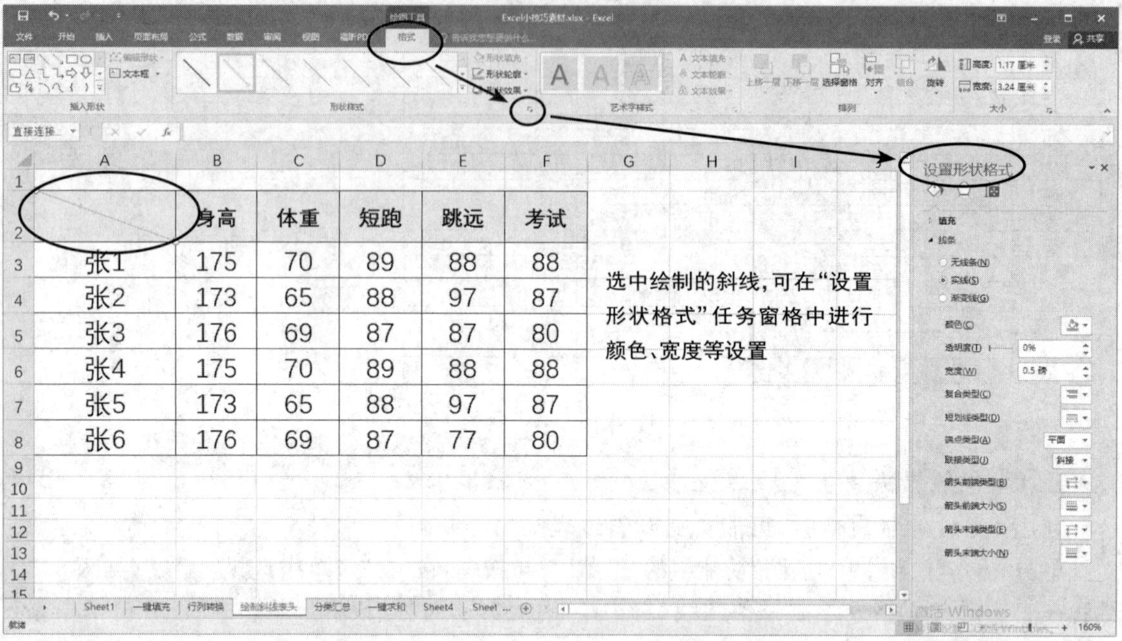

图 8-58　格式设置

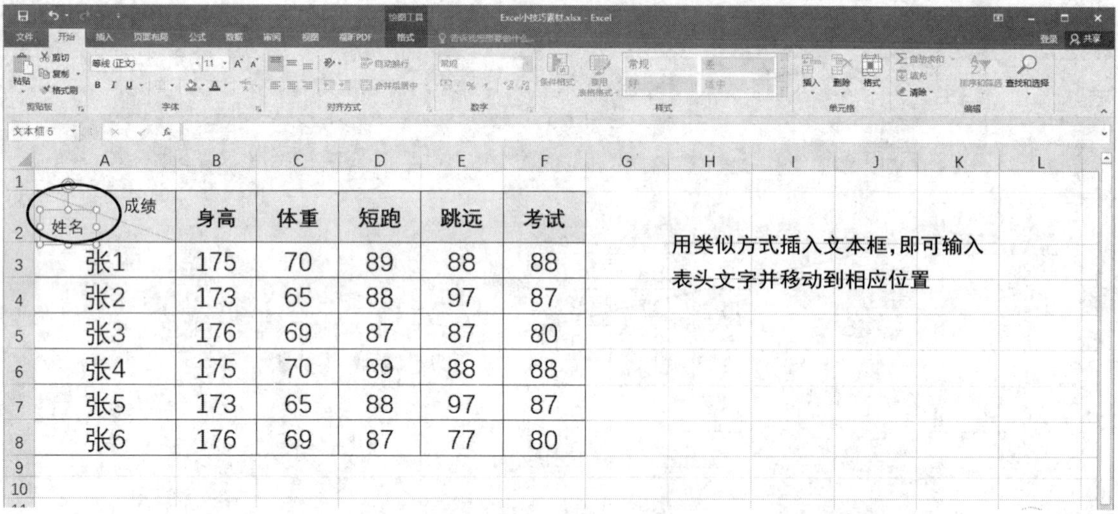

图 8-59　输入表头文字

6. 分类汇总

数据内容较多时，可以使用分类汇总功能，将数据按照类别进行汇总，方便查看。

全选表格，单击“数据”选项卡中“分级显示”功能组的“分类汇总”按钮，在打开的“分类汇总”对话框中选择分类字段和汇总方式等（见图 8-60），单击“确定”按钮。单击“+”或“3”可展开分类的数据（见图 8-61），点击“-”或“2”可折叠分类的数据（见图 8-62）。

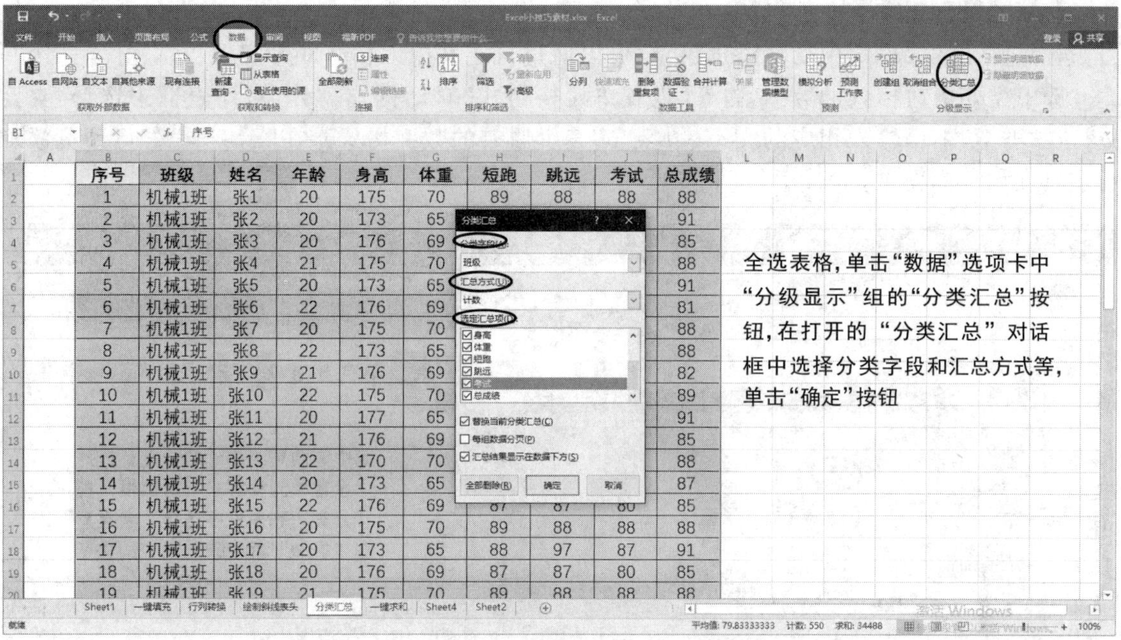
全选表格，单击“数据”选项卡中“分级显示”组的“分类汇总”按钮，在打开的“分类汇总”对话框中选择分类字段和汇总方式等，单击“确定”按钮

图 8-60　设置分类汇总规则

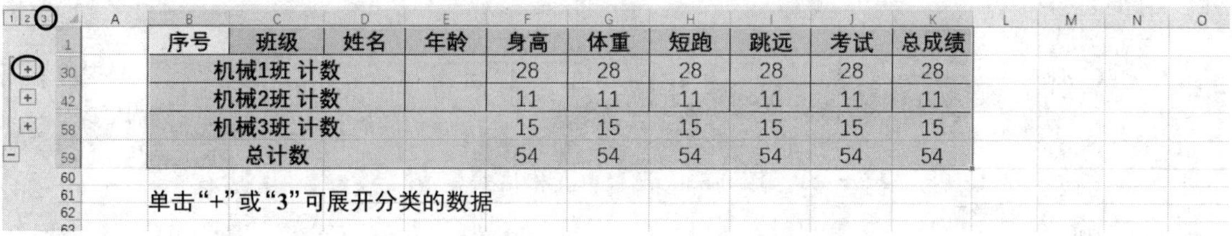
单击“+”或“3”可展开分类的数据

图 8-61　展开数据

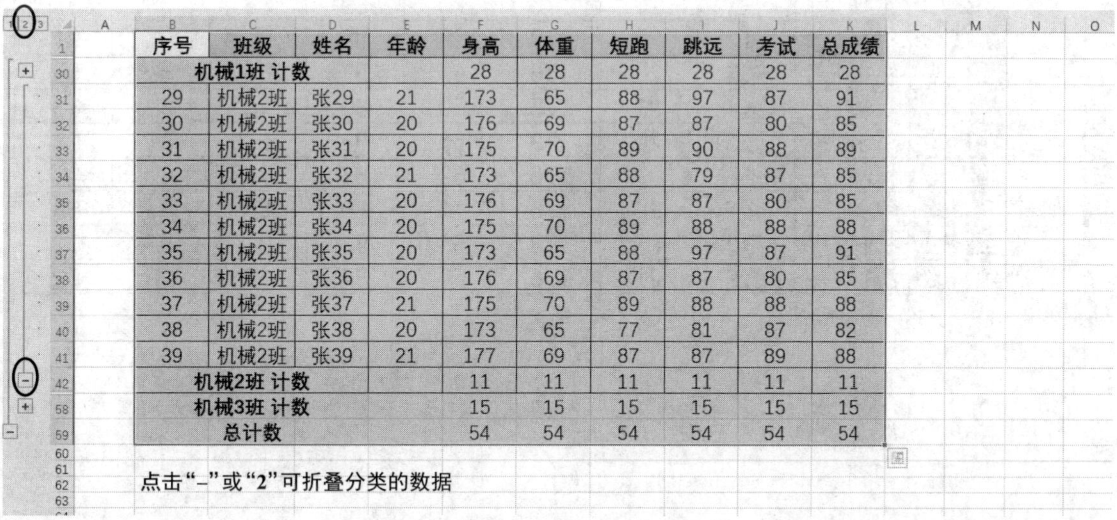
点击“-”或“2”可折叠分类的数据

图 8-62　折叠数据

7. 数字格式中批量添加汉字

若需要在数字格式中批量添加汉字，可以通过自定义单元格格式来实现。

选中需要更改格式的数据，打开“设置单元格格式”对话框，在“分类”列表框中选择“自定义”，在“类型”框中输入相应的文字（数字“0”表示原有的数字格式），在“示例”栏处可预览添加效果（见图 8-63、图 8-64）。

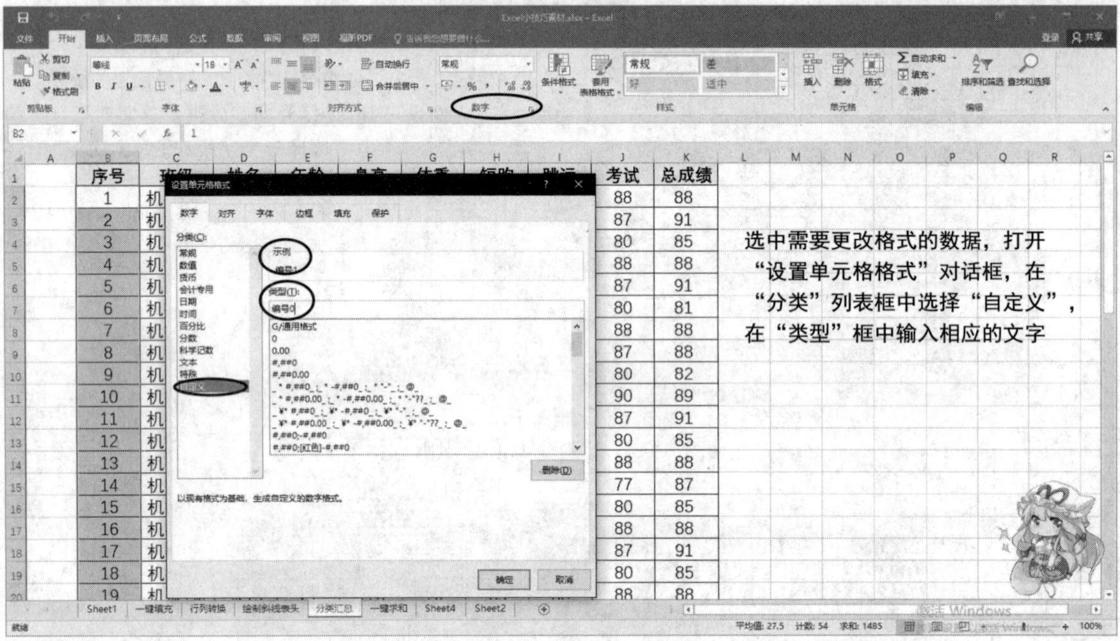
设置单元格格式
数字
对齐
字体
边框
填充
保护
分类(C):
示例
类型(T):
编号0
选中需要更改格式的数据，打开“设置单元格格式”对话框，在“分类”列表框中选择“自定义”，在“类型”框中输入相应的文字

图 8-63　设置单元格格式

	A	B	C	D	E	F	G	H	I	J	K
1		序号	班级	姓名	年龄	身高	体重	短跑	跳远	考试	总成绩
2		编号1	机械1班	张1	20	175	70	89	88	88	88
3		编号2	机械1班	张2	20	173	65	88	97	87	91
4		编号3	机械1班	张3	20	176	69	87	87	80	85
5		编号4	机械1班	张4	21	175	70	89	88	88	88
6		编号5	机械1班	张5	20	173	65	88	97	87	91
7		编号6	机械1班	张6	22	176	69	87	77	80	81
8		编号7	机械1班	张7	20	175	70	89	88	88	88
9		编号8	机械1班	张8	22	173	65	80	97	87	88
10		编号9	机械1班	张9	21	176	69	87	78	80	82

图 8-64　最终效果

8. 合并多个单元格内容

当选择多个单元格进行直接合并时，往往只会保留第一个单元格的内容。如果想将多个单元格的内容合并到一个单元格内，可以用下面的三种方法。

(1)复制粘贴

单击“开始”选项卡中“剪贴板”功能组右下角的对话框启动器按钮，打开“剪贴板”任务窗格(见图 8-65)。选择需要合并的单元格，复制，此时“剪贴板”任务窗格中将出现可以粘贴的内容(见图 8-66)。双击单元格进入编辑状态，在“剪贴板”任务窗格中单击需要粘贴的内容，即可将所有内容复制到一个单元格中(见图 8-67)。

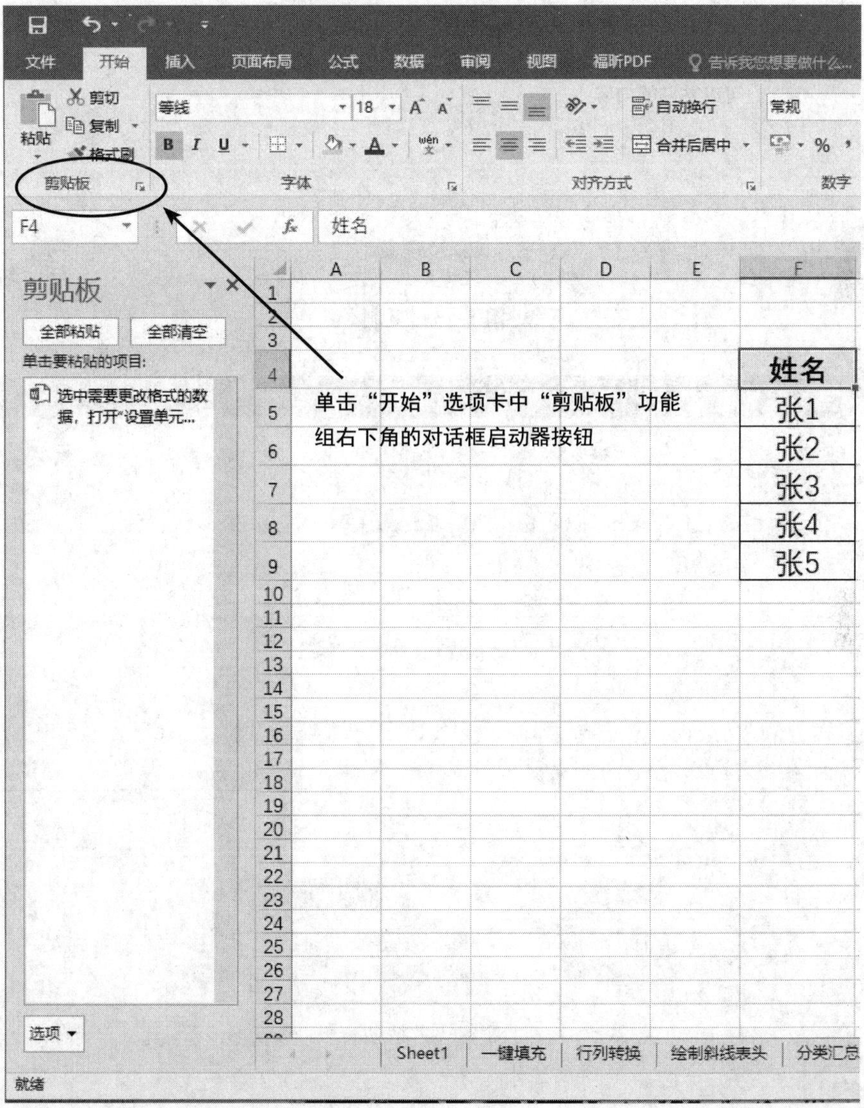

图 8-65 “剪贴板”任务窗格

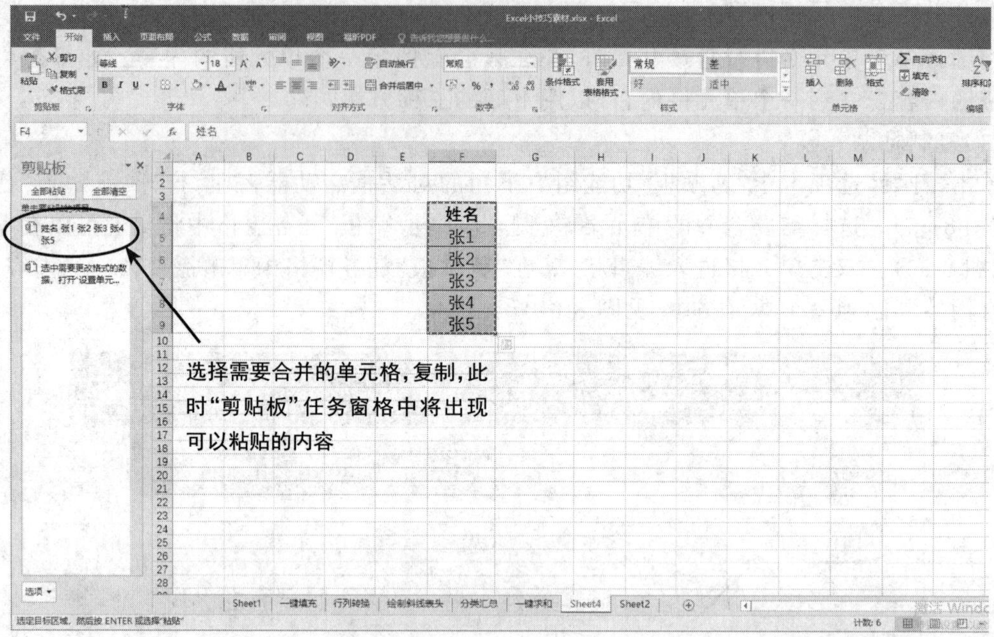

图 8-66　复制

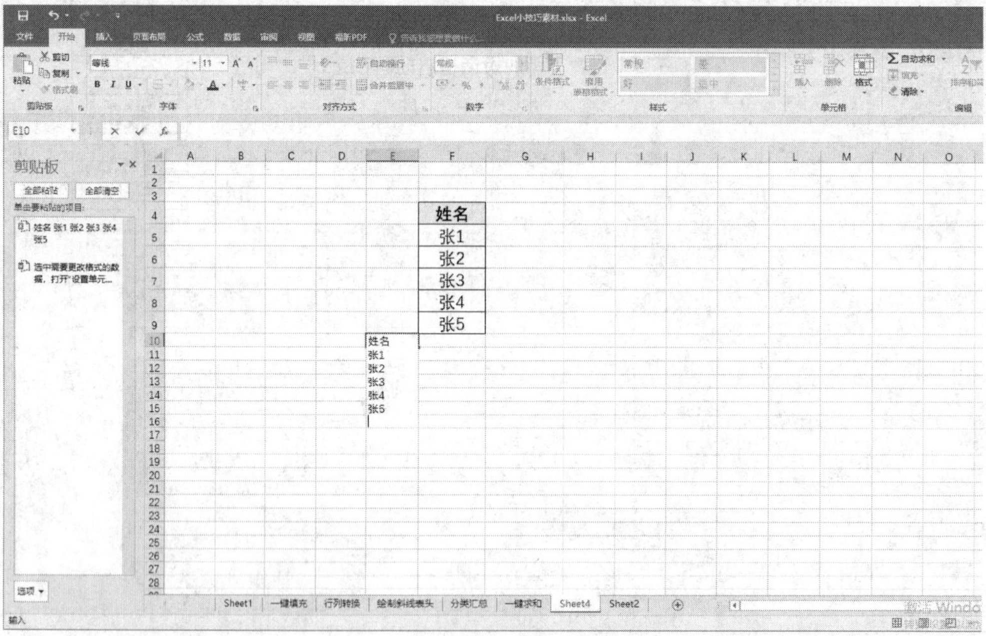

图 8-67　粘贴

(2)填充

选择需要填充的数据,单击“开始”选项卡中“编辑”功能组的“填充”下拉按钮,在下拉菜单中选择“两端对齐”命令(见图 8-68)。此时,单元格的内容就都合并到同一个单元格内了(见图 8-69)。

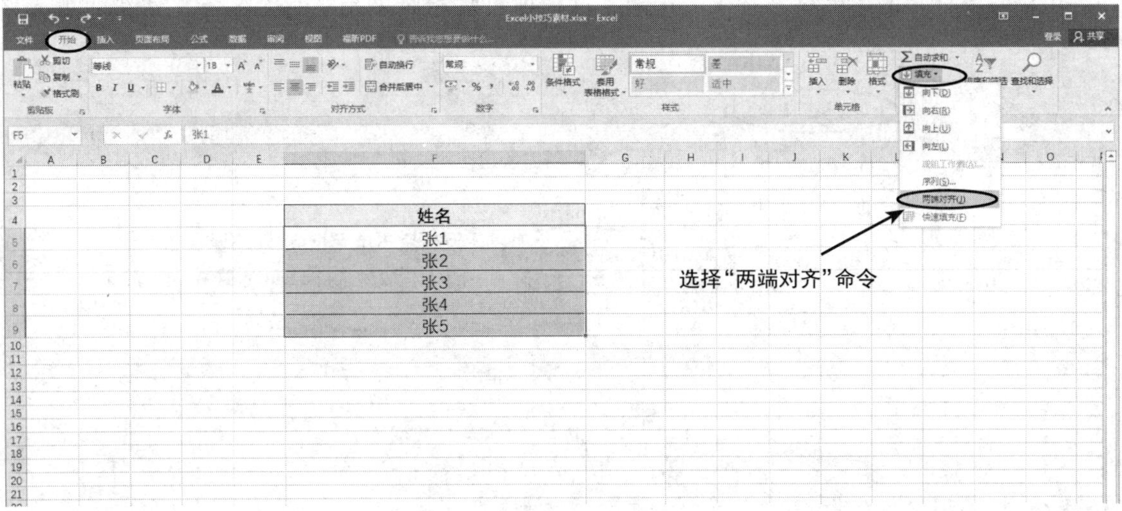
选择"两端对齐"命令

图 8-68 "填充"→"两端对齐"

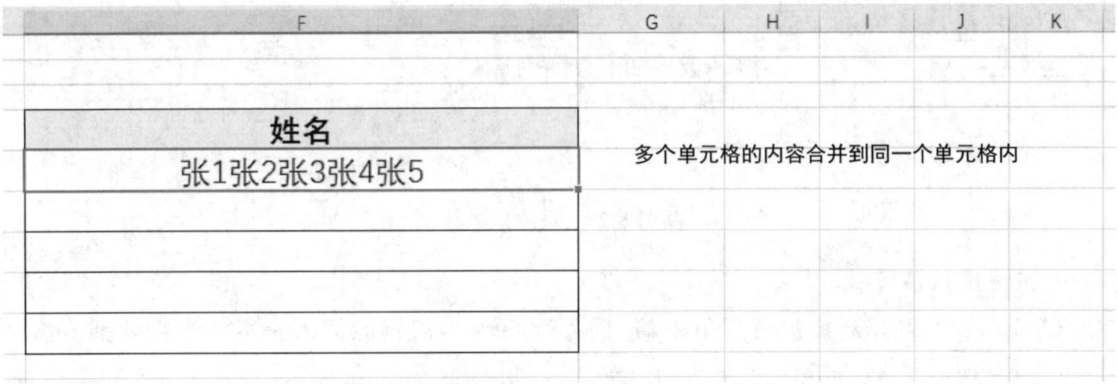
姓名
张1张2张3张4张5
多个单元格的内容合并到同一个单元格内

图 8-69 最终效果

需要注意的是，此方法仅限单元格的竖向合并，无法进行横向合并，且单元格需要设置足够的宽度才能将所有内容合并到一个单元格内，单元格较窄时将自动合并成多行(见图 8-70)。

姓名
张1张2张3
张4张5

图 8-70 自动合并成多行

(3)"&"符号

双击空白处单元格进入编辑状态，输入相应公式"=F5&F6&F7&F8&F9"(F5、F6、F7、

F8、F9 为需要合并的单元格），按 Enter 键。这样即可将相应单元格的内容合并到新的单元格内（见图 8-71、图 8-72）。

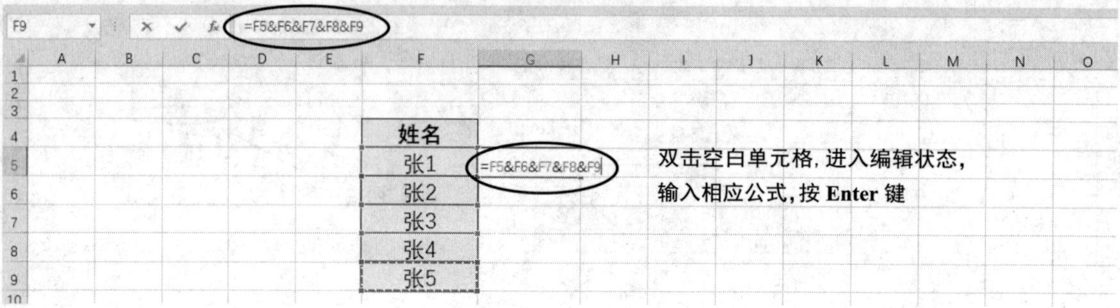

图 8-71　输入公式

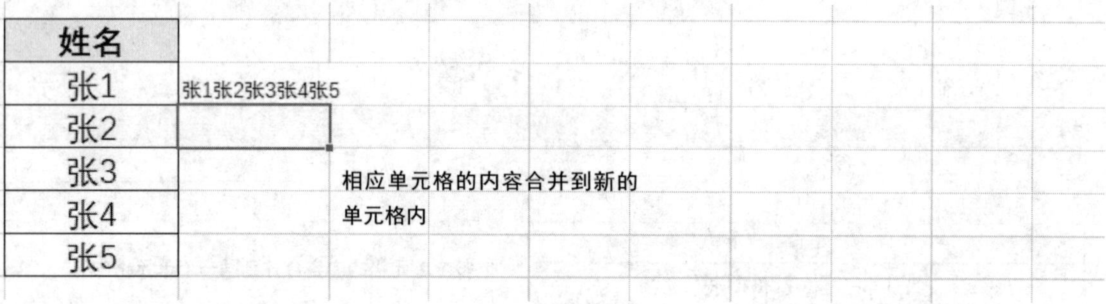

图 8-72　最终效果

9. 快速插入多行

在 Excel 中，利用右键快捷菜单中的"插入"命令，一次只能插入一行。当需要插入多行时，可以采用以下两种方法。

（1）"插入"命令＋F4 键

右击弹出快捷菜单，选择相应命令插入了一行后（见图 8-73），按 F4 键可重复上一个操作，即可多次插入行（见图 8-74）。

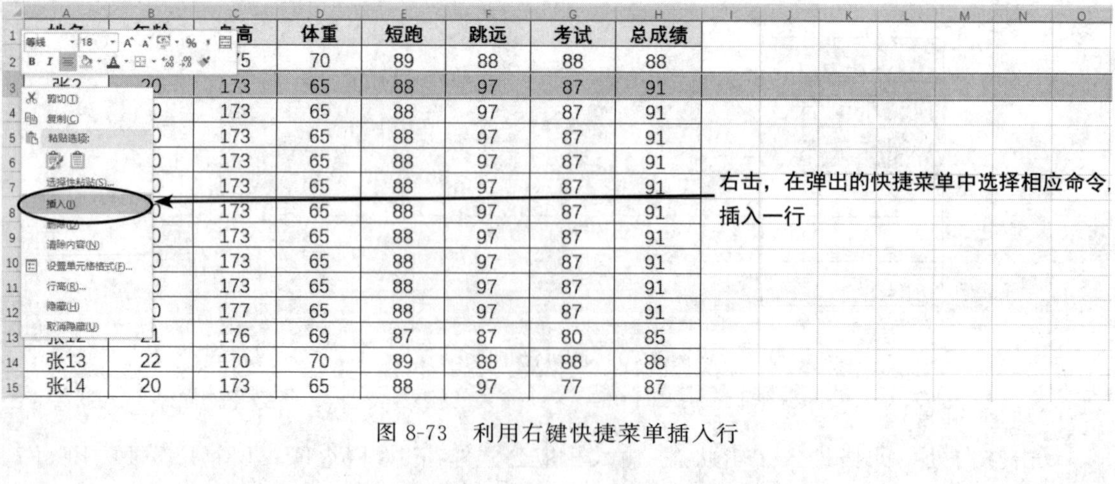

图 8-73　利用右键快捷菜单插入行

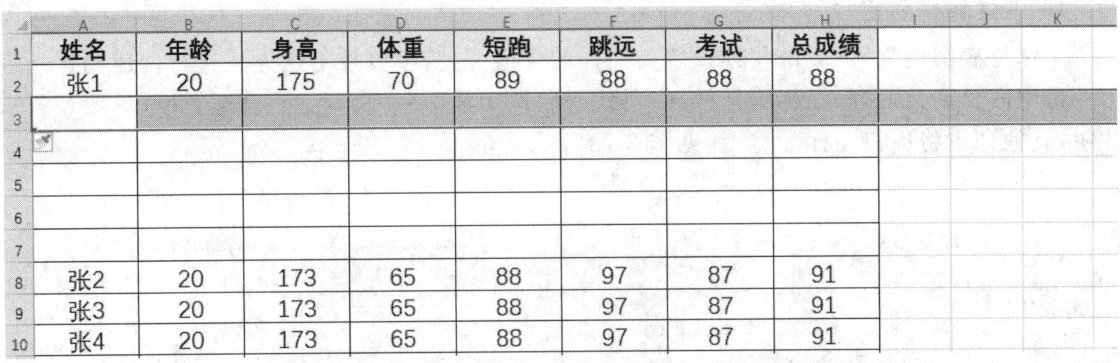

姓名	年龄	身高	体重	短跑	跳远	考试	总成绩
张1	20	175	70	89	88	88	88
张2	20	173	65	88	97	87	91
张3	20	173	65	88	97	87	91
张4	20	173	65	88	97	87	91

图 8-74　按 F4 键重复操作

(2)Shift 键＋鼠标拖拽

选中一行数据，并移动鼠标使指针呈“十”字形，点击左下角的“十”字形状(见图 8-75)，按住 Shift 键并进行拖拽，即可插入空行(见图 8-76)。

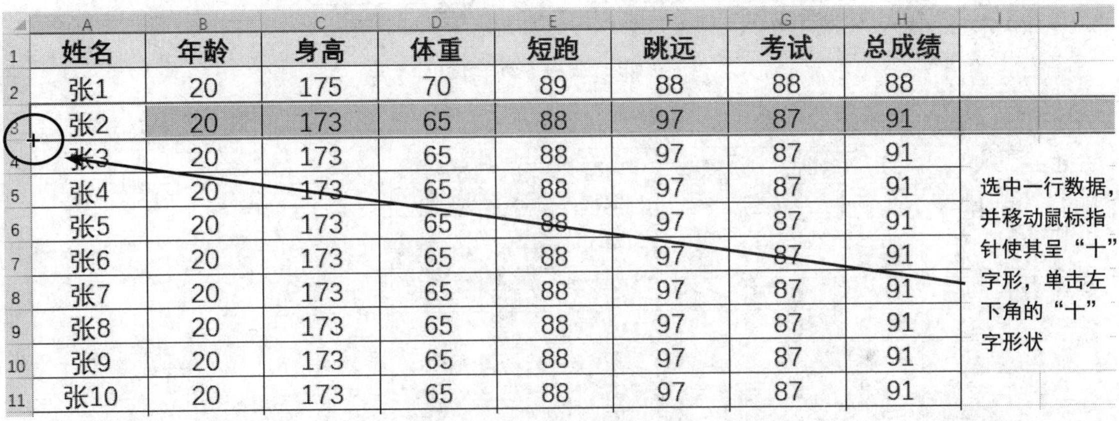
选中一行数据，并移动鼠标指针使其呈“十”字形，单击左下角的“十”字形状

姓名	年龄	身高	体重	短跑	跳远	考试	总成绩
张1	20	175	70	89	88	88	88
张2	20	173	65	88	97	87	91
张3	20	173	65	88	97	87	91
张4	20	173	65	88	97	87	91
张5	20	173	65	88	97	87	91
张6	20	173	65	88	97	87	91
张7	20	173	65	88	97	87	91
张8	20	173	65	88	97	87	91
张9	20	173	65	88	97	87	91
张10	20	173	65	88	97	87	91

图 8-75　选中数据并使鼠标指针呈“十”字

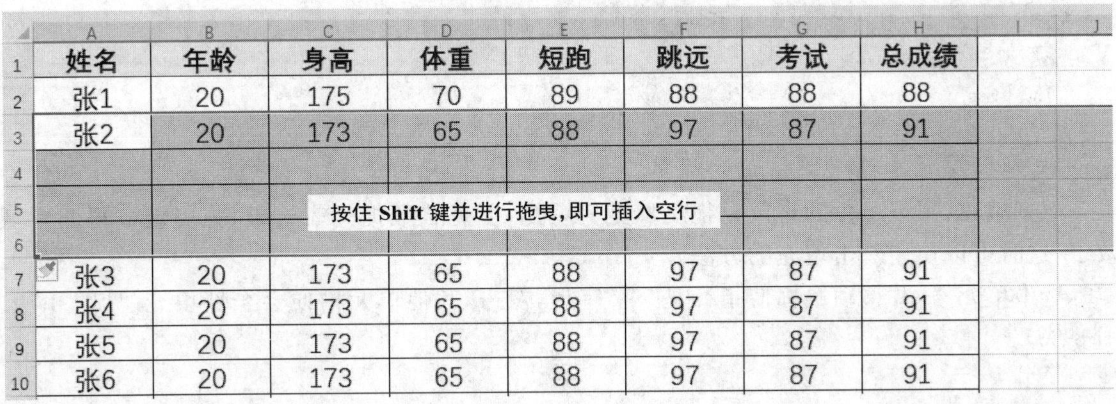
按住 Shift 键并进行拖曳，即可插入空行

姓名	年龄	身高	体重	短跑	跳远	考试	总成绩
张1	20	175	70	89	88	88	88
张2	20	173	65	88	97	87	91
张3	20	173	65	88	97	87	91
张4	20	173	65	88	97	87	91
张5	20	173	65	88	97	87	91
张6	20	173	65	88	97	87	91

图 8-76　最终效果

10. 快速调整列宽

为保持表格美观，一般都将列设置为同样的合适宽度，可以按下述方法进行快速调整。

选中需要调整的列，鼠标指针放在表格上侧，拉动其中一列，调整至合适宽度（见图 8-77），此时，其他列也将保持一样的宽度（见图 8-78）。

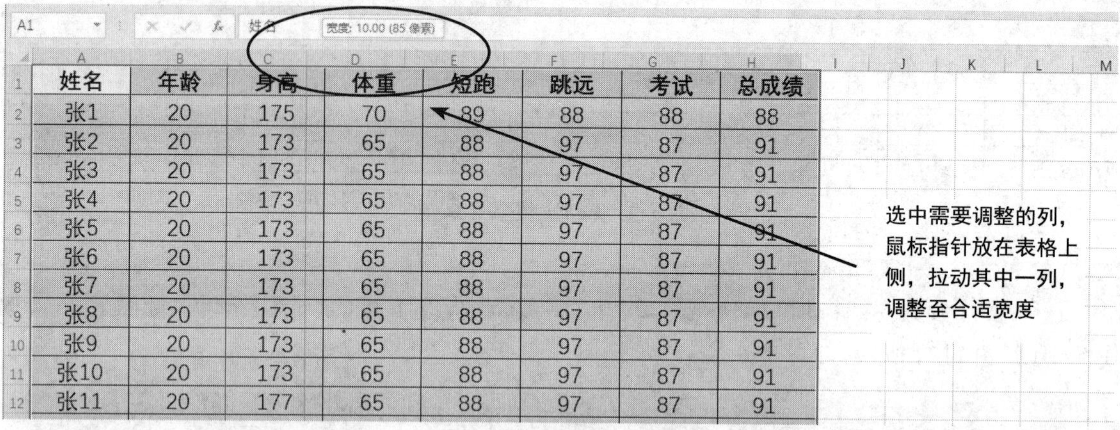
A1
姓名
宽度: 10.00 (85 像素)
选中需要调整的列，鼠标指针放在表格上侧，拉动其中一列，调整至合适宽度

姓名	年龄	身高	体重	短跑	跳远	考试	总成绩
张1	20	175	70	89	88	88	88
张2	20	173	65	88	97	87	91
张3	20	173	65	88	97	87	91
张4	20	173	65	88	97	87	91
张5	20	173	65	88	97	87	91
张6	20	173	65	88	97	87	91
张7	20	173	65	88	97	87	91
张8	20	173	65	88	97	87	91
张9	20	173	65	88	97	87	91
张10	20	173	65	88	97	87	91
张11	20	177	65	88	97	87	91

图 8-77　调整一列宽度

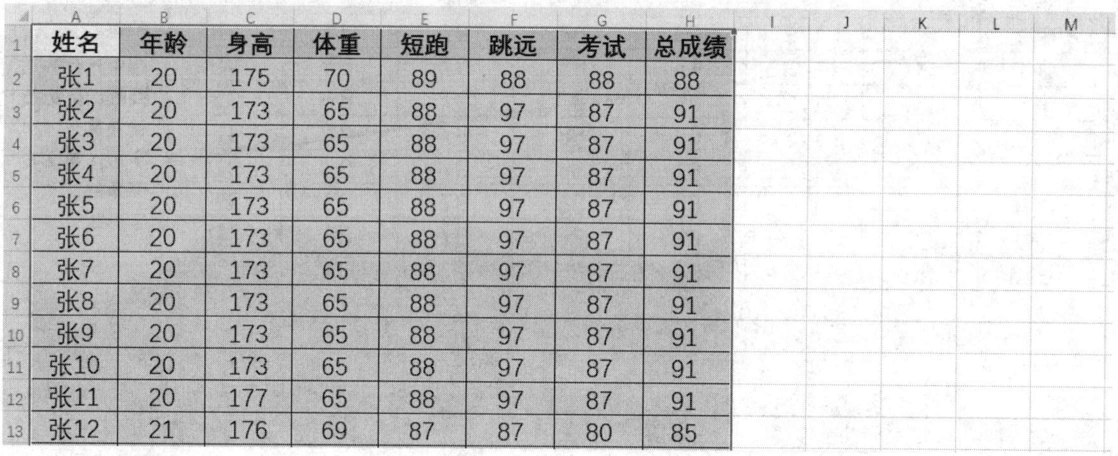

姓名	年龄	身高	体重	短跑	跳远	考试	总成绩
张1	20	175	70	89	88	88	88
张2	20	173	65	88	97	87	91
张3	20	173	65	88	97	87	91
张4	20	173	65	88	97	87	91
张5	20	173	65	88	97	87	91
张6	20	173	65	88	97	87	91
张7	20	173	65	88	97	87	91
张8	20	173	65	88	97	87	91
张9	20	173	65	88	97	87	91
张10	20	173	65	88	97	87	91
张11	20	177	65	88	97	87	91
张12	21	176	69	87	87	80	85

图 8-78　最终效果

11. 双击填充

对于填充，用得最多的肯定是拖曳填充柄填充，但是若数据列表过长，拖曳就显得非常低效了，这时可以使用双击填充的方法。

选中单元格，并移动鼠标使指针呈“十”字形，双击，其他单元格便会全部填充（见图 8-79、图 8-80）。

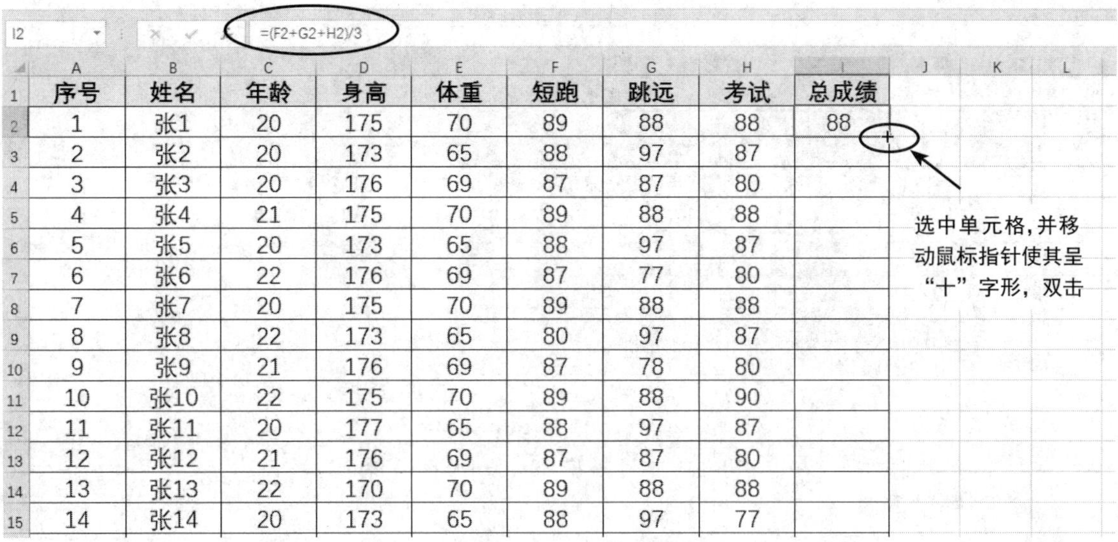

I2 =(F2+G2+H2)/3

序号	姓名	年龄	身高	体重	短跑	跳远	考试	总成绩
1	张1	20	175	70	89	88	88	88
2	张2	20	173	65	88	97	87	
3	张3	20	176	69	87	87	80	
4	张4	21	175	70	89	88	88	
5	张5	20	173	65	88	97	87	
6	张6	22	176	69	87	77	80	
7	张7	20	175	70	89	88	88	
8	张8	22	173	65	80	97	87	
9	张9	21	176	69	87	78	80	
10	张10	22	175	70	89	88	90	
11	张11	20	177	65	88	97	87	
12	张12	21	176	69	87	87	80	
13	张13	22	170	70	89	88	88	
14	张14	20	173	65	88	97	77	

选中单元格，并移动鼠标指针使其呈“十”字形，双击

图 8-79　双击填充

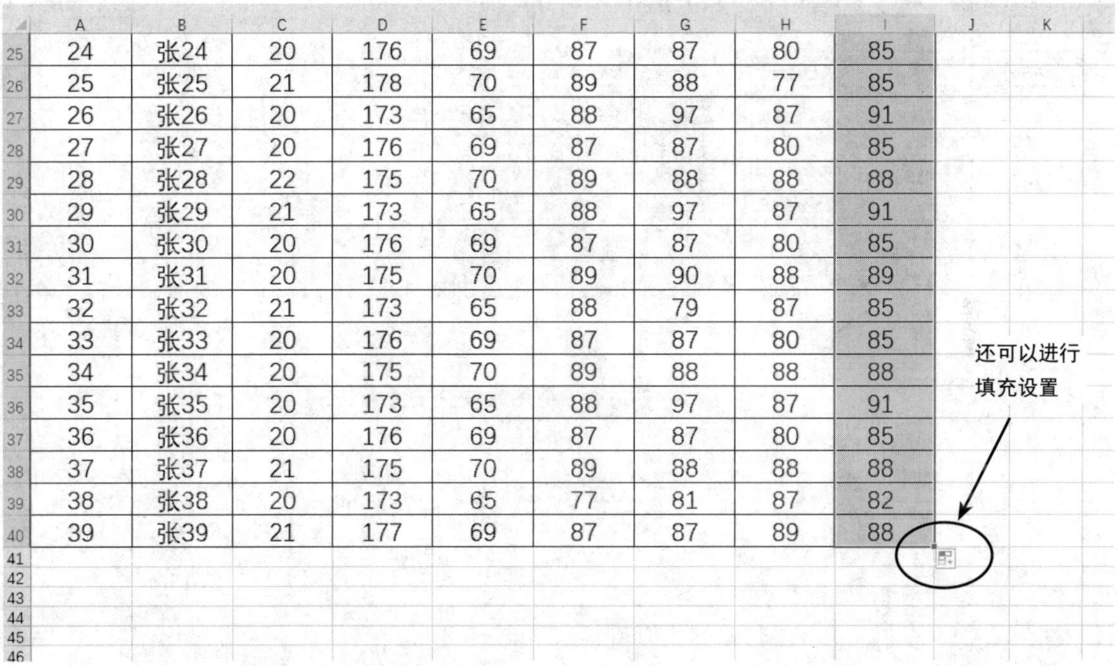

24	张24	20	176	69	87	87	80	85
25	张25	21	178	70	89	88	77	85
26	张26	20	173	65	88	97	87	91
27	张27	20	176	69	87	87	80	85
28	张28	22	175	70	89	88	88	88
29	张29	21	173	65	88	97	87	91
30	张30	20	176	69	87	87	80	85
31	张31	20	175	70	89	90	88	89
32	张32	21	173	65	88	79	87	85
33	张33	20	176	69	87	87	80	85
34	张34	20	175	70	89	88	88	88
35	张35	20	173	65	88	97	87	91
36	张36	20	176	69	87	87	80	85
37	张37	21	175	70	89	88	88	88
38	张38	20	173	65	77	81	87	82
39	张39	21	177	69	87	87	89	88

还可以进行填充设置

图 8-80　最终效果

12. 一键求和

数据求和是很常用的功能，除了一般使用的公式求和方法，还可以使用组合键进行一键求和。

选择需要求和的数据，按 Alt＋＝组合键进行求和(见图 8-81、图 8-82)。

姓名	体重	短跑	跳远	考试	求和
张1	70	89	88	88	
张2	65	88	97	87	
张3	69	87	87	80	
张4	70	89	88	88	
张5	65	88	97	87	
张6	69	87	77	80	
张7	70	89	88	88	
张8	65	80	97	87	
求和					

选择需要求和的
数据，按 **Alt+=**
组合键进行求和

图 8-81　选中数据，按 Alt＋＝组合键

姓名	体重	短跑	跳远	考试	求和
张1	70	89	88	88	335
张2	65	88	97	87	337
张3	69	87	87	80	323
张4	70	89	88	88	335
张5	65	88	97	87	337
张6	69	87	77	80	313
张7	70	89	88	88	335
张8	65	80	97	87	329
求和	543	697	719	685	2644

图 8-82　最终效果

8.3 PowerPoint 2016 使用技巧

1. 添加标识

在制作幻灯片时，有时需要在每页幻灯片上添加标识或者水印。使用母版功能，可以快速地在每页的相同位置都加上一模一样的内容。

单击“视图”选项卡中“母版视图”功能组的“幻灯片母版”按钮（见图 8-83）；再插入需要的标识图片并调整位置和大小（见图 8-84）；然后复制标识图片到其他母版页，并关闭母版视图（见图 8-85）。这样，每页幻灯片就都会有标识了（见图 8-86）。

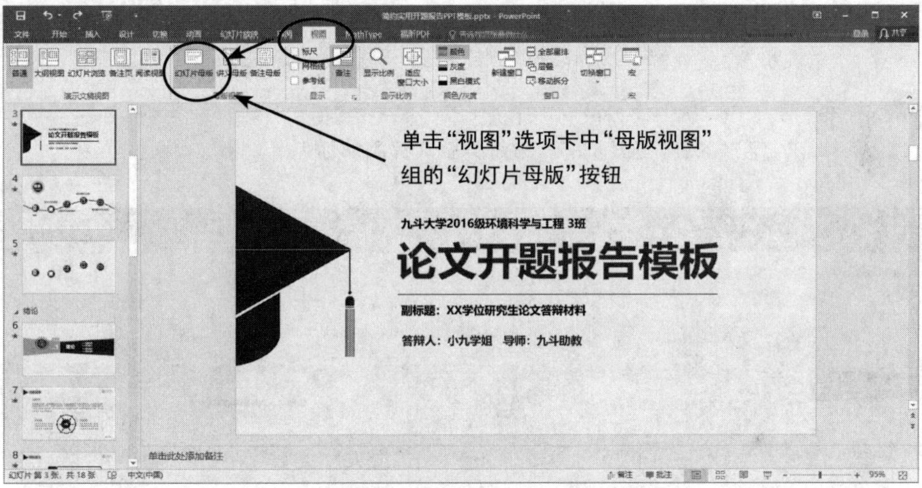

图 8-83　打开幻灯片母版

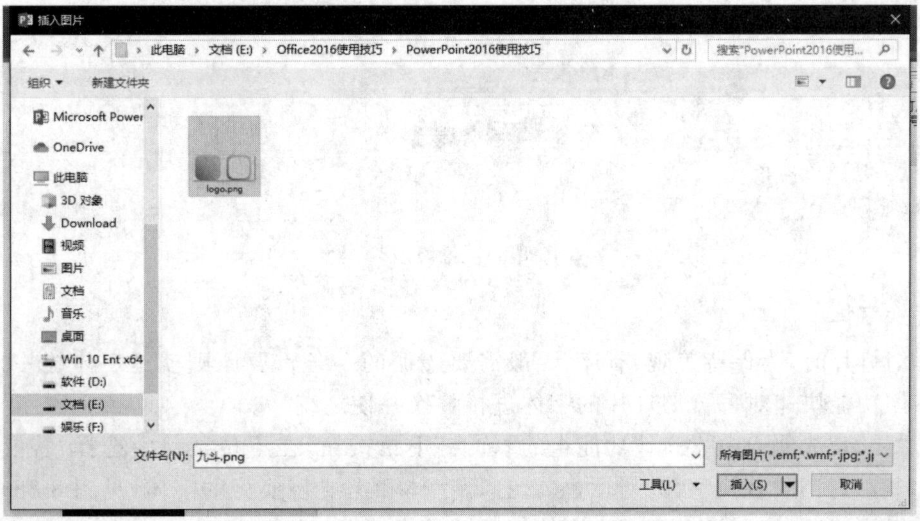

图 8-84　插入图片

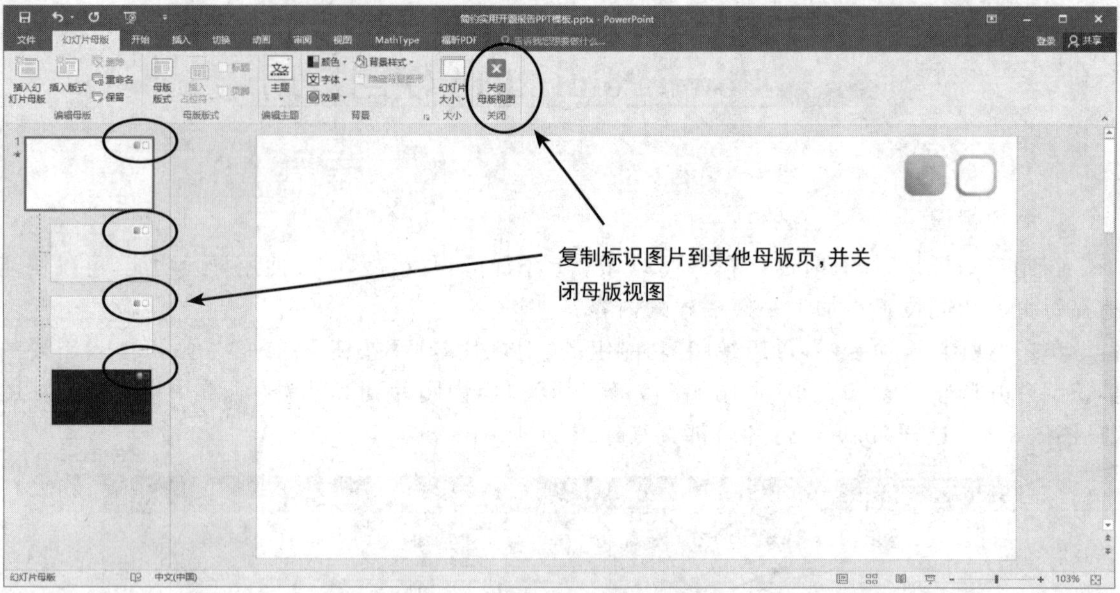
复制标识图片到其他母版页,并关闭母版视图

图 8-85　为每类版式都添加标识

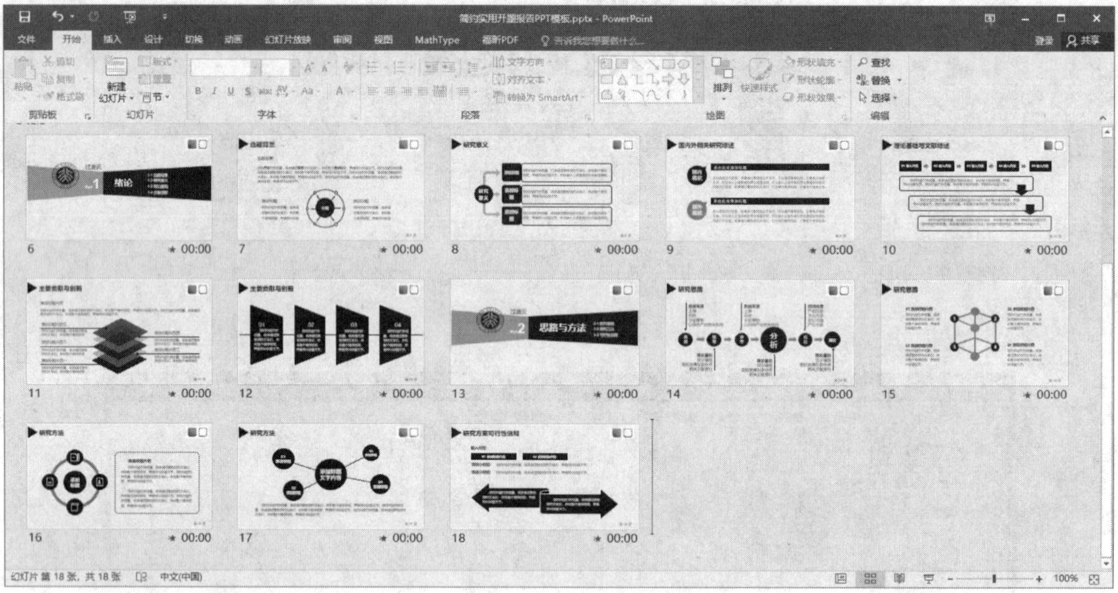

图 8-86　最终效果

2. 替换字体

制作幻灯片时,为保持美观、有序,一般需要遵循的一条重要原则就是字体统一。可以使用替换字体功能快速对每页幻灯片的字体进行替换并使之统一。

单击“开始”选项卡中“编辑”功能组的“替换”下拉按钮,在下拉菜单中选择“替换字体”命令(见图 8-87),打开“替换字体”对话框,选择原字体和需要替换为的字体(见图 8-88),再单击“替换”按钮。这样,幻灯片中的相应字体就都被替换掉了(见图 8-89)。

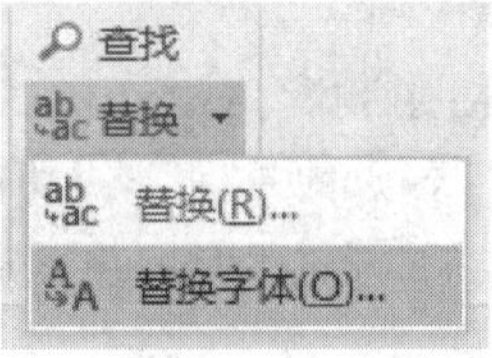

图 8-87　选择“替换字体”命令

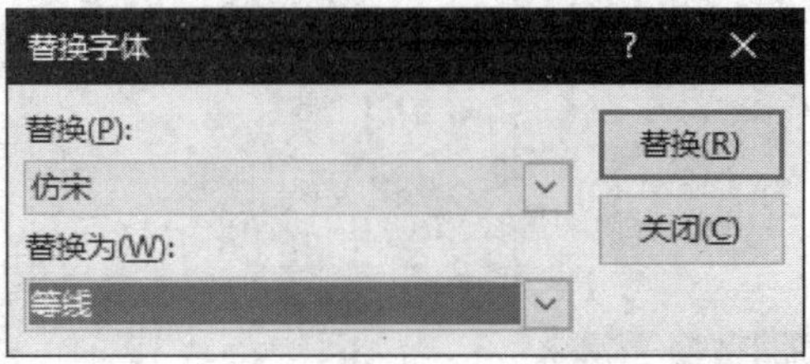

图 8-88　“替换字体”对话框

图 8-89　最终效果

3. 抠图

当在幻灯片中需要抠图时，可以使用删除背景功能。

选中图片，单击“图片工具-格式”选项卡中“调整”功能组的“删除背景”按钮（见图8-90），使用标记工具选出保留和删除的区域后，单击“保留更改”按钮（见图8-91），就可以得到去掉了背景的图片（见图8-92）。

单击“删除背景”按钮

图8-90　单击“删除背景”按钮

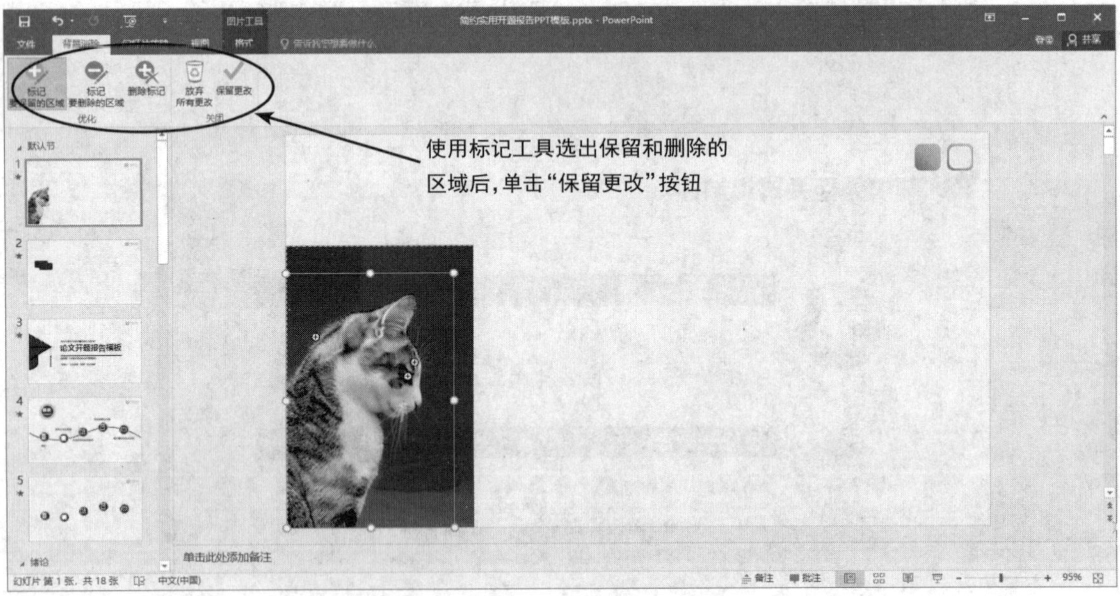
使用标记工具选出保留和删除的
区域后，单击“保留更改”按钮

图8-91　选择保留和删除的区域

得到去掉了背景的图片
单击此处添加备注

图 8-92　最终效果

4. 插入超链接

当需要在幻灯片中展示更多内容，如 Word 文档、Excel 表格、视频、图片、网页等，但是又不方便直接放在幻灯片中时，可以通过插入超链接来实现。

选中需要插入超链接的对象，单击“插入”选项卡中“链接”功能组的“超链接”按钮（见图 8-93），打开“编辑超链接”对话框，找到需要链接的文件，单击“确定”按钮（见图 8-94）。放映时，单击对应的对象即可展示扩展内容（见图 8-95）。

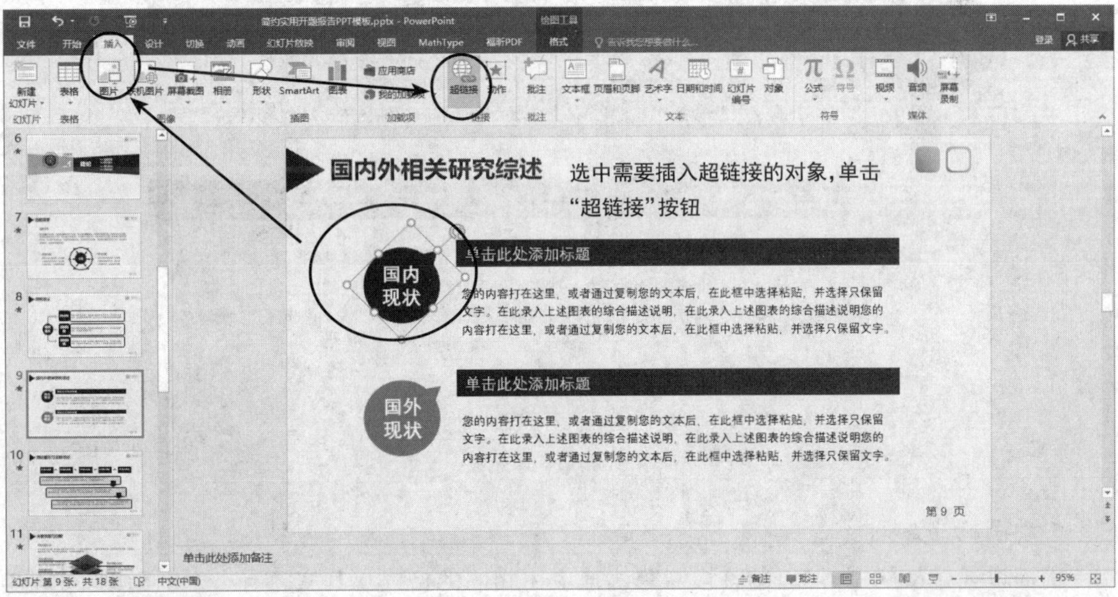
国内外相关研究综述
选中需要插入超链接的对象，单击
“超链接”按钮
单击此处添加标题
国内
现状
单击此处添加标题
国外
现状
第 9 页
单击此处添加备注

图 8-93　选择插入超链接的对象

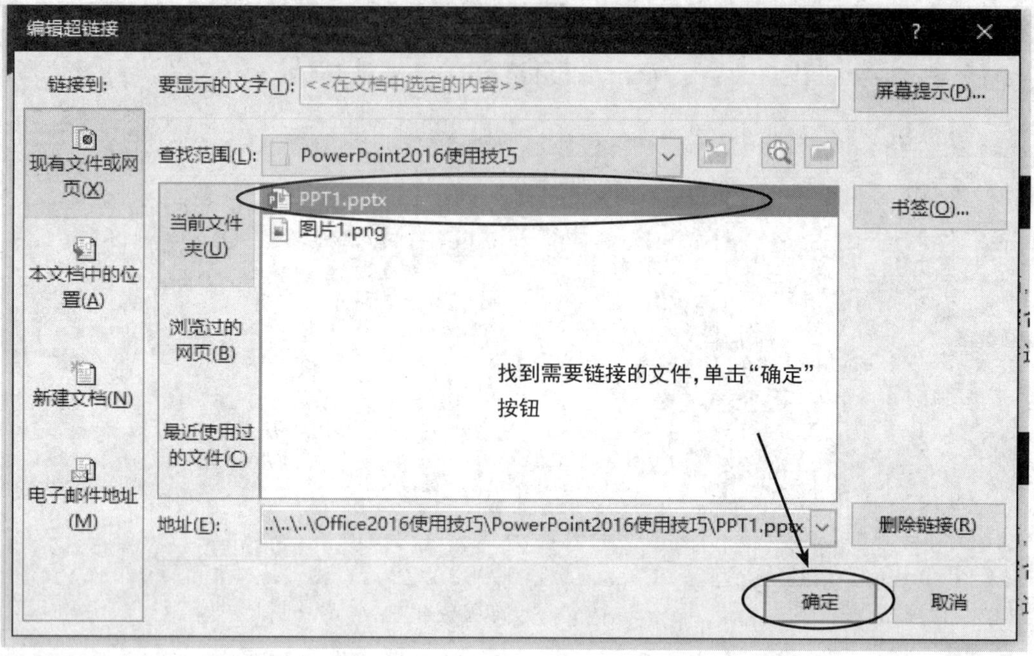

图 8-94　编辑“超链接”对话框

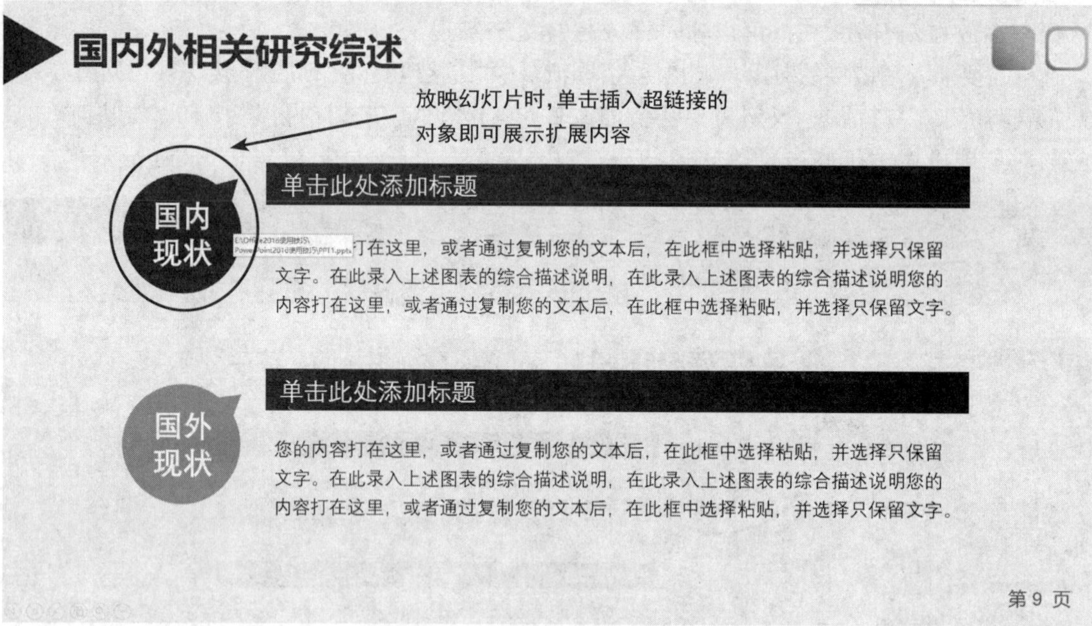

图 8-95　最终效果

5. 动画刷

前面讲述过格式刷，可以给许多对象快速应用相同的格式。其实还有一个动画刷，可以给许多对象快速应用相同的动画效果。

对一个对象设置动画后，单击“动画”选项卡中“高级动画”功能组的“动画刷”按钮（双击

“动画刷”按钮可连续刷)后(见图 8-96),单击其他对象,可以对其添加相同的动画效果(见图 8-97)。

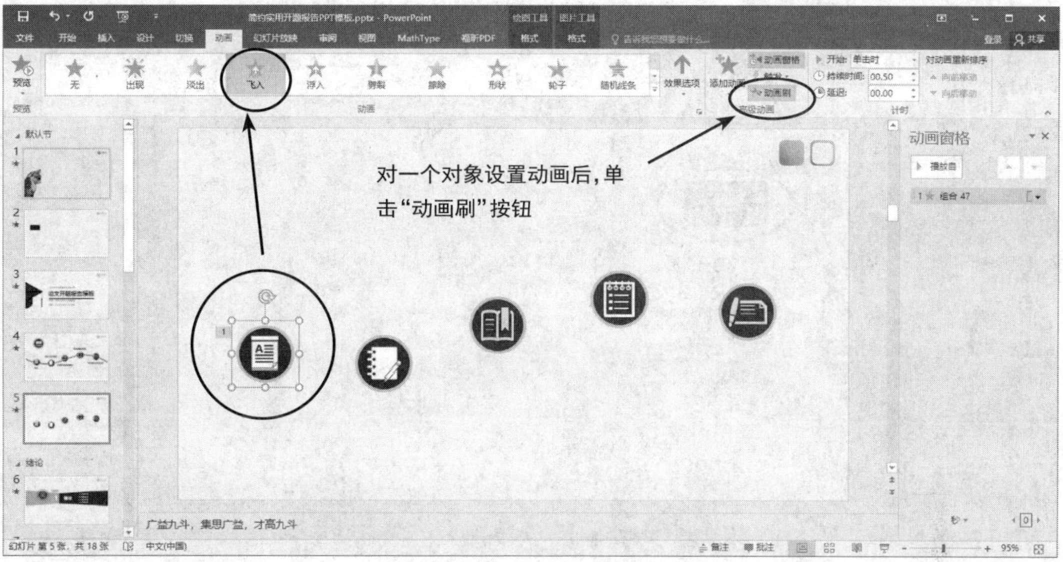

图 8-96　单击“动画刷”按钮

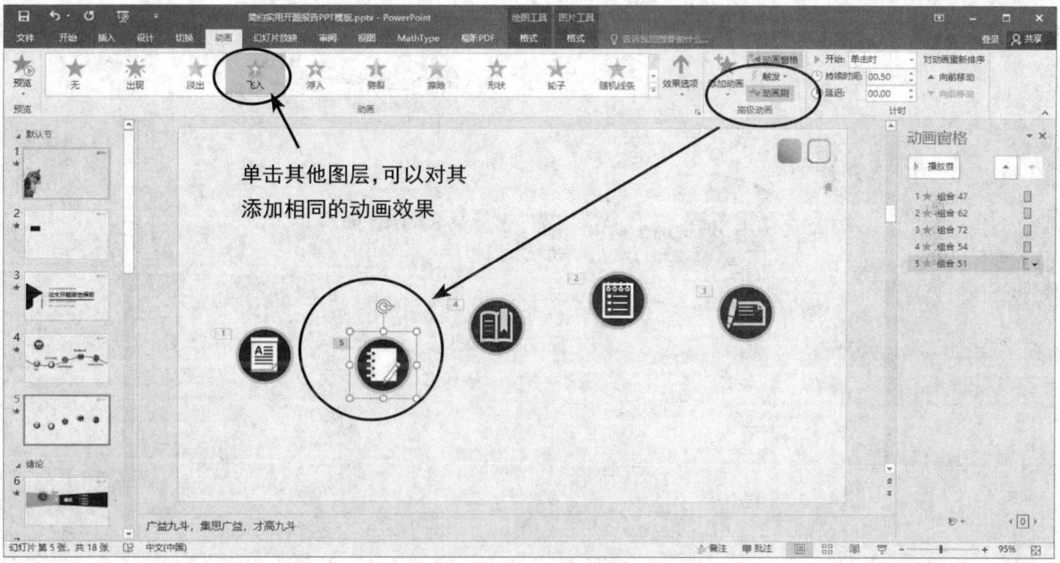

图 8-97　最终效果

6. 功能键 F4

在 PowerPoint 2016 中,功能键 F4 也是一个快捷键,功能是重复上一步的操作(可重复的操作有复制、粘贴、文字加粗等)。

插入一个形状,按下 F4 键就会重复刚才插入形状的操作(见图 8-98),按多少次 F4 键就会重复多少次(见图 8-99)。

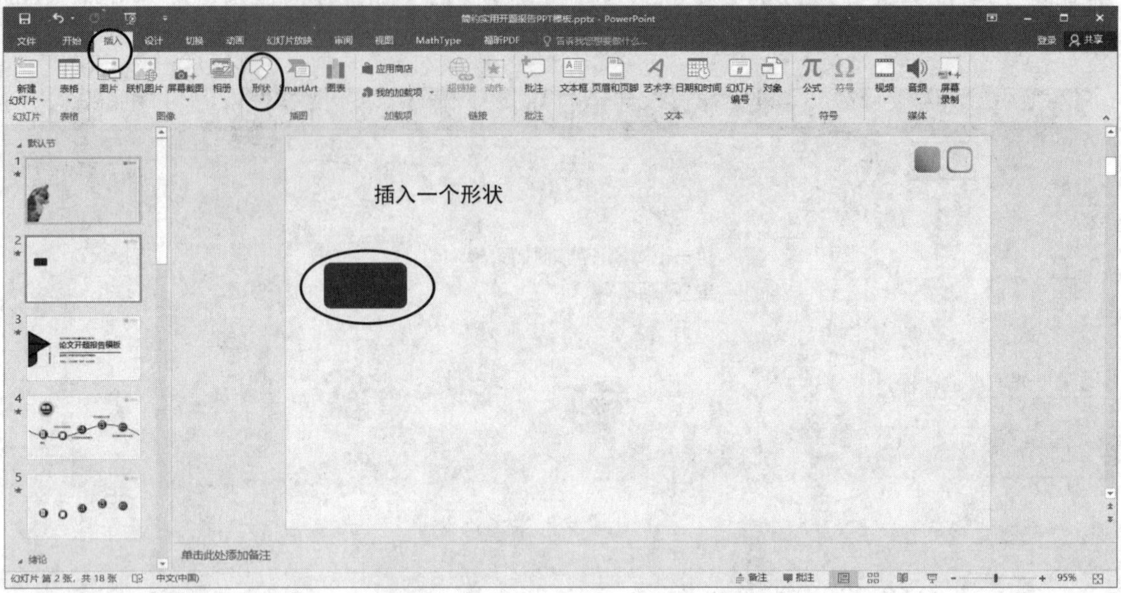
插入一个形状

图 8-98　插入形状

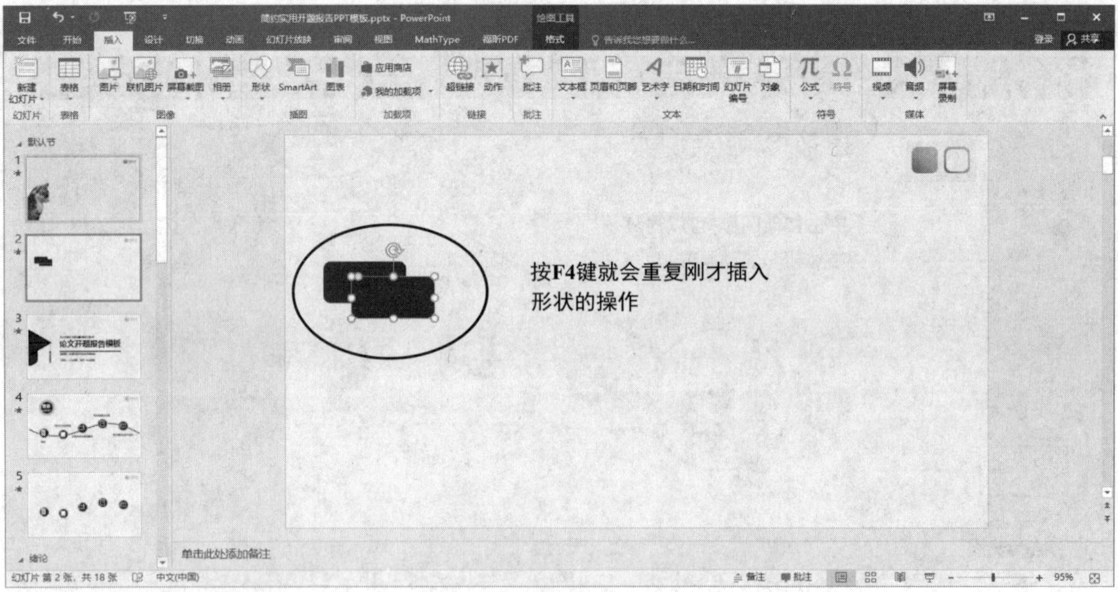
按F4键就会重复刚才插入
形状的操作

图 8-99　最终效果

7. “选择”任务窗格

调整图层顺序时，对单个图层进行上移/下移一层，效率总是低的。若想提高效率，可以调用“选择”任务窗格。

单击“开始”选项卡中“编辑”功能组的“选择”下拉按钮，在下拉菜单中选择“选择窗格”命令（见图8-100），可以打开“选择”任务窗格快速选择对象并挪动排序，另外还可设置对象隐藏或显示（见图8-101）。

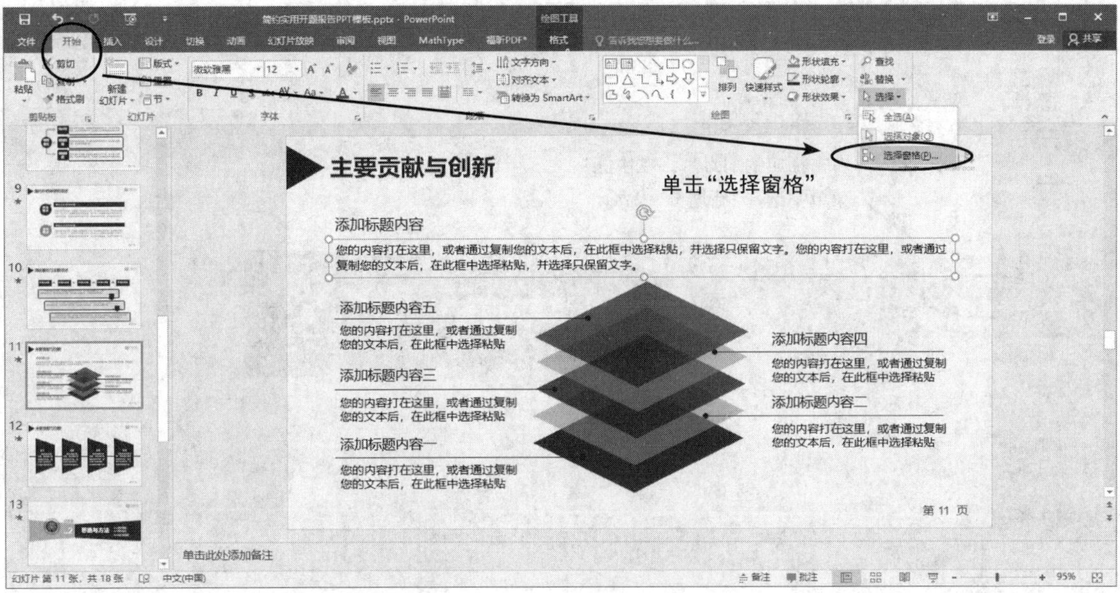

图 8-100　打开“选择”任务窗格

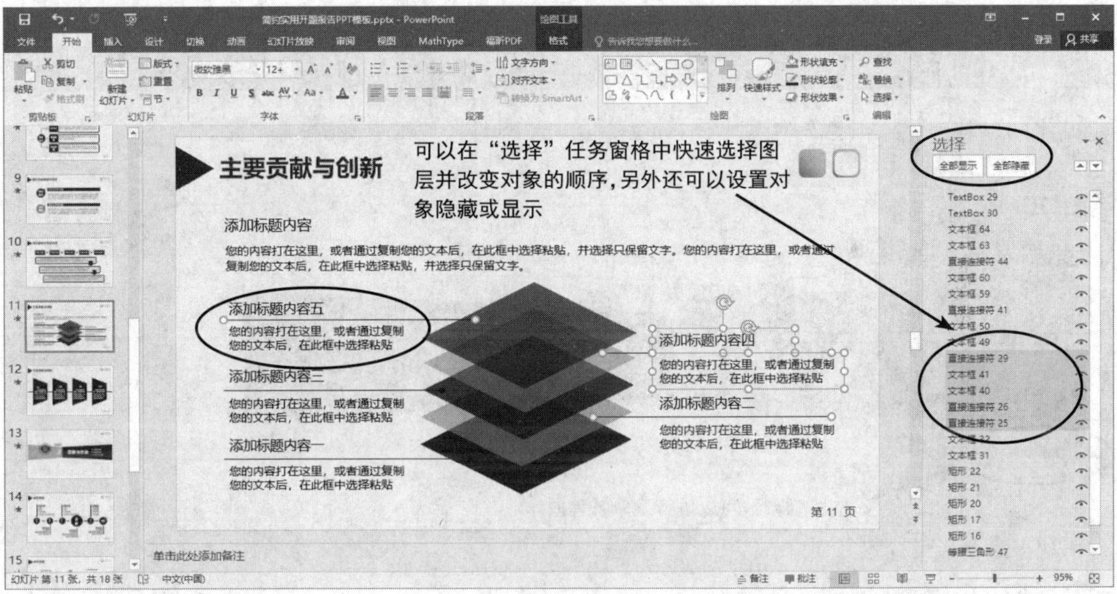

图 8-101　最终效果

8. 内容分组

当幻灯片内容比较多时，可以利用“新增节”为幻灯片内容按照章节进行分组，方便查看。

在左侧缩略图窗格中，右击相应的幻灯片，在弹出的快捷菜单中选择“新增节”命令（见图 8-102），可以新增一个节；右击节标题，可以进行重命名等操作（见图 8-103）；双击节标题可以对对应幻灯片内容进行展开或折叠（见图 8-104）。

图 8-102　新增节

图 8-103　右击节标题

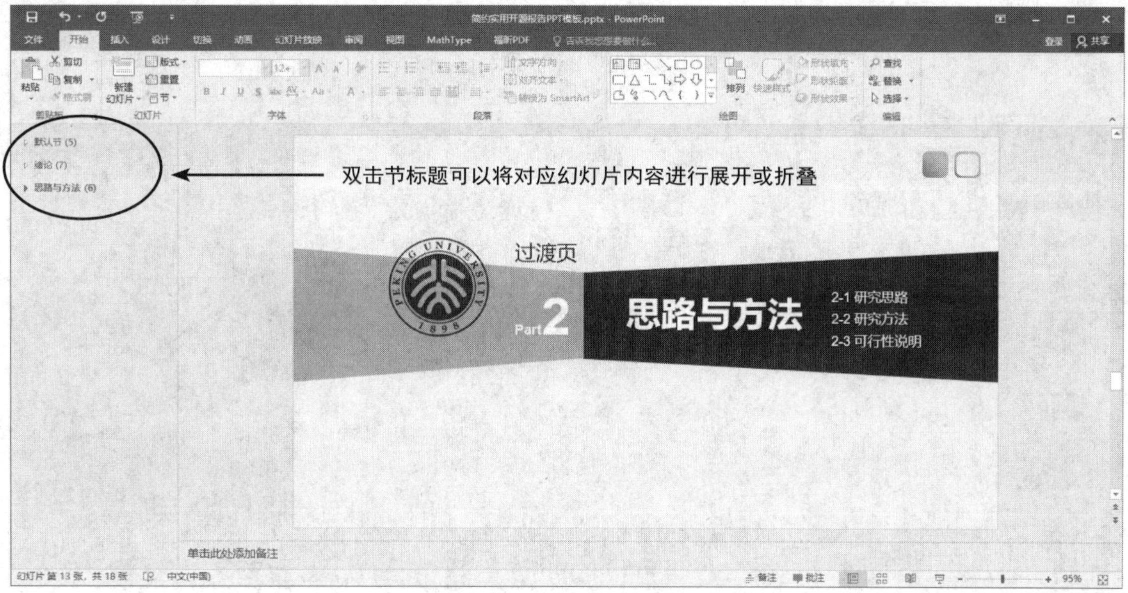

图 8-104　双击节标题

9. 删除动画

放映幻灯片时，过多的动画会影响展示，选中单个动画一个一个地删除，效率太低。若要提高效率，可以在“动画窗格”任务窗格中通过全选或者多选进行删除，也可以选择更便捷的方式——放映时不加动画。

(1)批量删除动画

打开“动画窗格”任务窗格，选择需要删除的动画，按 Ctrl＋A 组合键可全选，按住 Shift 键，依次单击可多选（见图 8-105），然后可以批量删除（见图 8-106）。

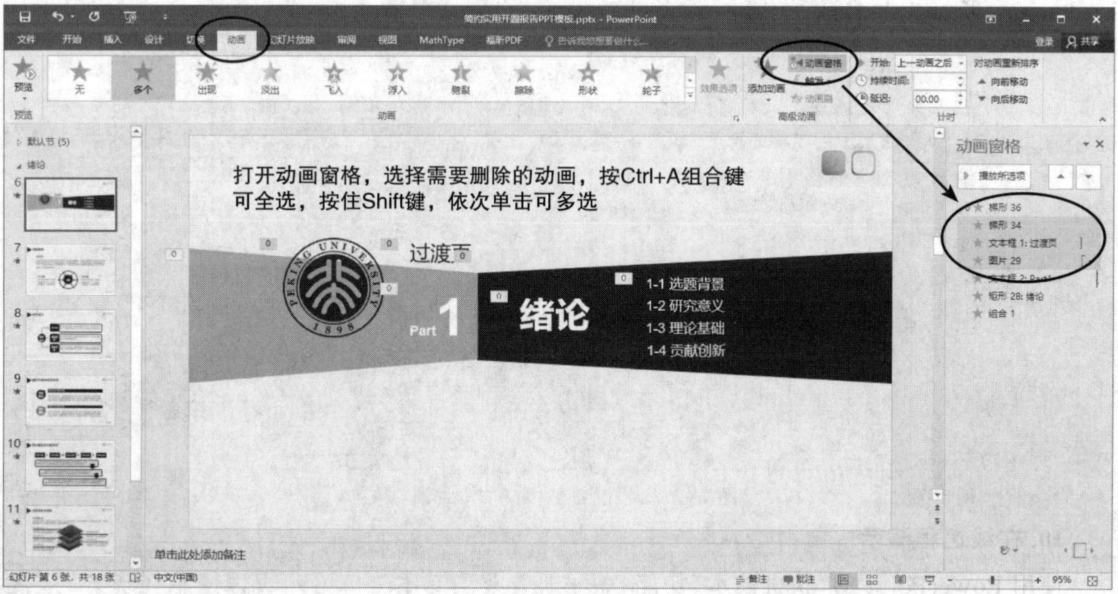

图 8-105　批量选择

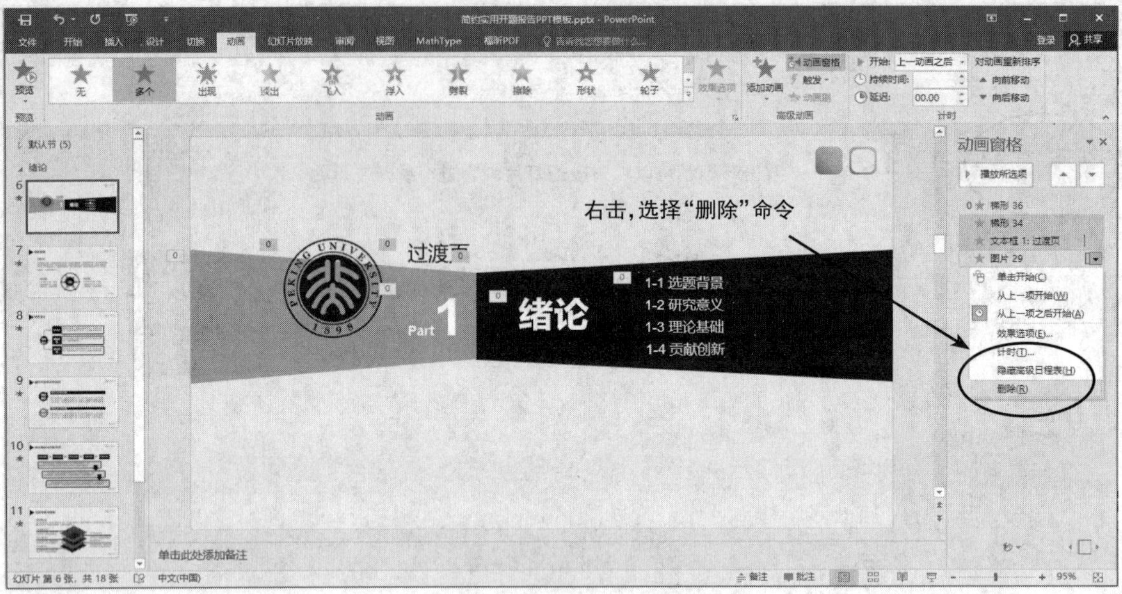

图 8-106　批量删除

(2)放映时不加动画

单击“幻灯片放映”选项卡中“设置”功能组的“设置幻灯片放映”按钮,打开“设置放映方式”对话框,勾选“放映时不加动画”复选框(见图 8-107),单击“确定”按钮。这样在下次放映时就没有动画了。

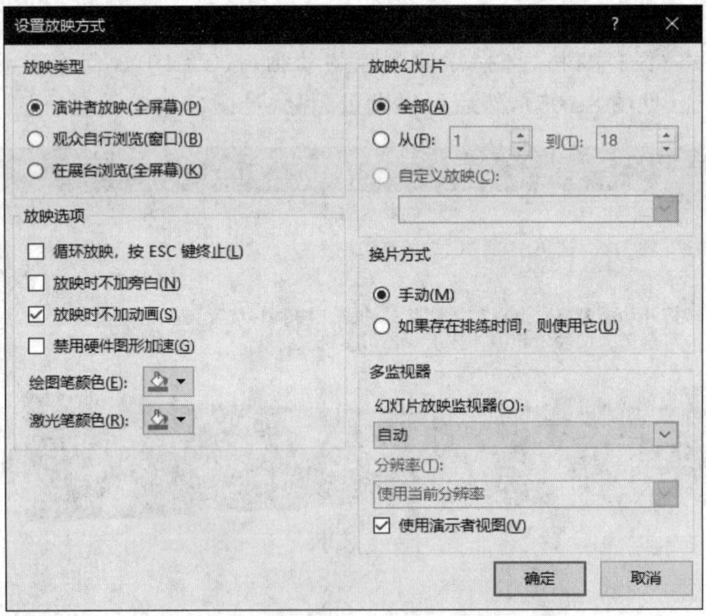

图 8-107　“设置放映方式”对话框

10. 在线远程演示

使用 PowerPoint 的“联机演示”功能(需注册并登录 Office 账号),可以使不在现场的人通过浏览器看到演讲过程。

单击“幻灯片放映”选项卡中“开始放映幻灯片”功能组的“联机演示”按钮(见图 8-108),复制链接(见图 8-109)并在浏览器打开,便可远程观看(图 8-110)。

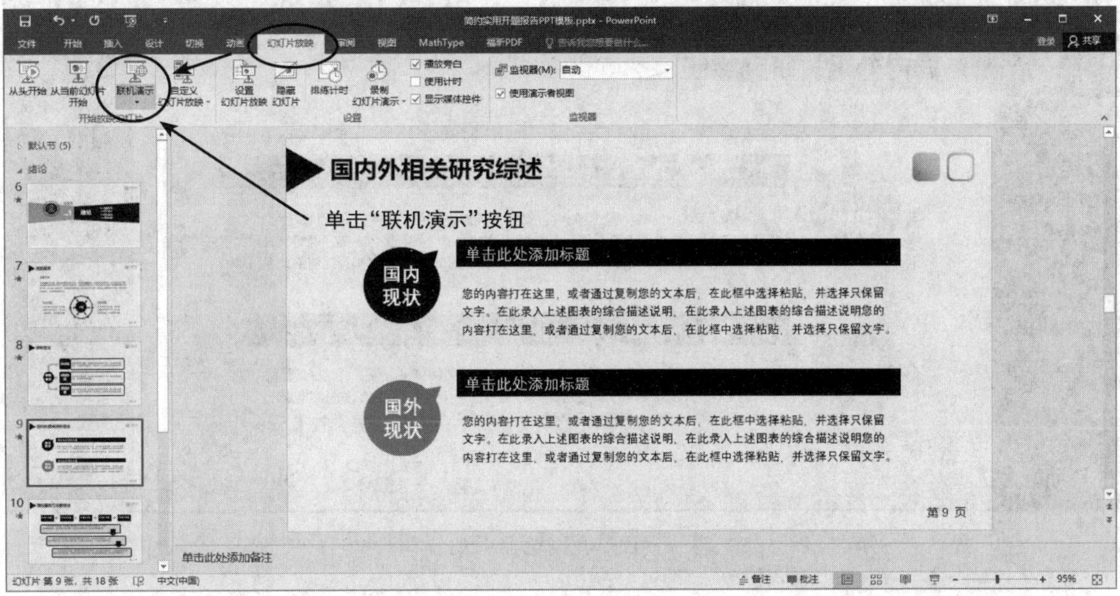

图 8-108　单击“联机演示”按钮

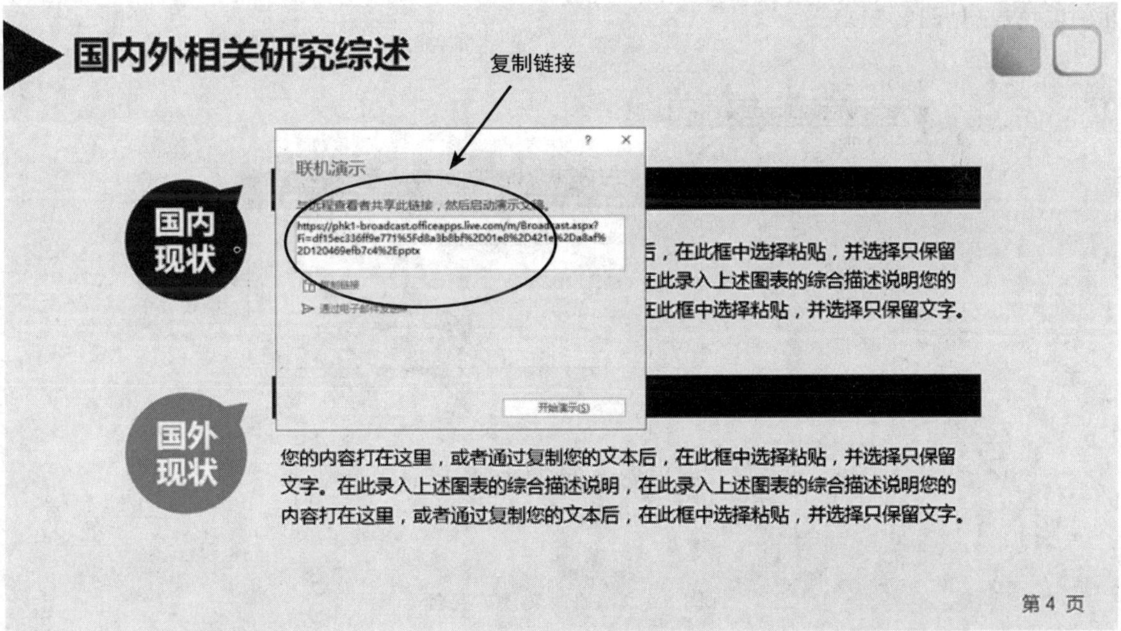

图 8-109　复制链接

PowerPoint
国内外相关研究综述
国内现状
单击此处添加标题
您的内容打在这里，或者通过复制您的文本后，在此框中选择粘贴，并选择只保留文字。在此录入上述图表的综合描述说明，在此录入上述图表的综合描述说明您的内容打在这里，或者通过复制您的文本后，在此框中选择粘贴，并选择只保留文字。
国外现状
单击此处添加标题
您的内容打在这里，或者通过复制您的文本后，在此框中选择粘贴，并选择只保留文字。在此录入上述图表的综合描述说明，在此录入上述图表的综合描述说明您的内容打在这里，或者通过复制您的文本后，在此框中选择粘贴，并选择只保留文字。
第 4 页

图 8-110　在浏览器中观看

11. 即刻放映

一般需要放映幻灯片时，总是先打开演示文稿文件，然后进行放映，其实也可以修改扩展名，然后双击文件，这样就能直接全屏开始放映。具体方法为将文件的扩展名修改为“. pps”，并确定更改(见图 8-111)。

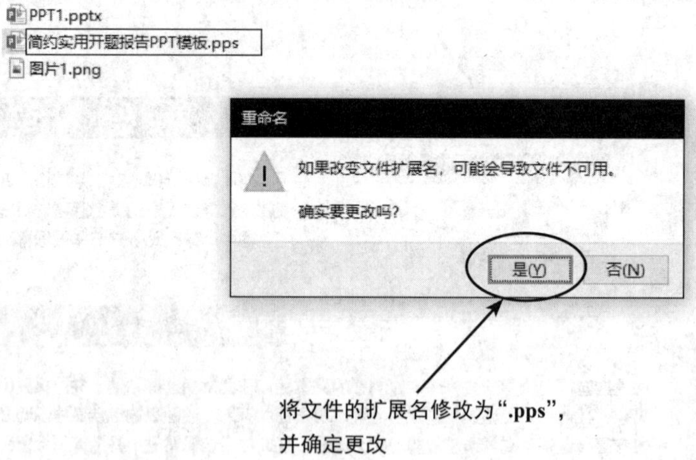
PPT1.pptx
简约实用开题报告PPT模板.pps
图片1.png
重命名
如果改变文件扩展名，可能会导致文件不可用。
确实要更改吗?
是(Y)
否(N)
将文件的扩展名修改为“.pps”，
并确定更改

图 8-111　修改文件扩展名

12. 演示者视图

在使用幻灯片演讲时，可以打开演示者视图。这样，在查看幻灯片的备注内容或者预览下一页时，这些不需要让观众看到的部分就不会在投影仪上演示。

(1)从第 1 页开始用演示者视图模式放映

打开文件，在幻灯片任意一页的默认操作界面下，按下 Alt＋F5 组合键(见图 8-112)，幻灯片会以演示者视图模式从第 1 页开始放映(见图 8-113)。

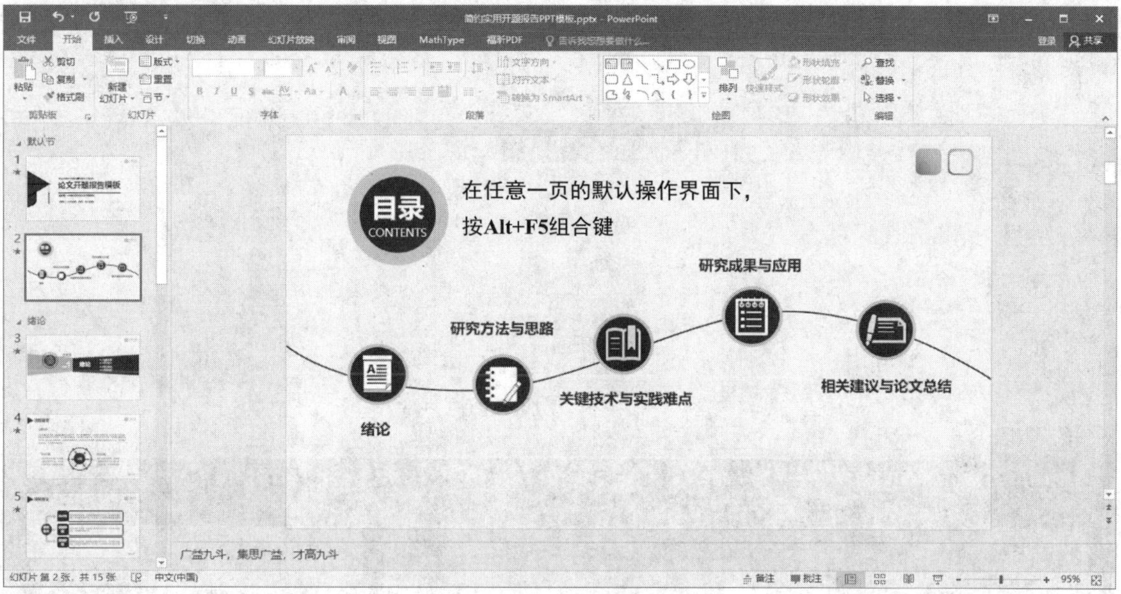

图 8-112　按 Alt＋F5 组合键

图 8-113　演示者视图模式

(2)从固定页开始用演示者视图模式放映

在全屏放映的界面下，右击，在弹出的快捷菜单中选择“显示演示者视图”命令(见图 8-114)，就可以从固定页开始用演示者视图模式放映(见图 8-115)。

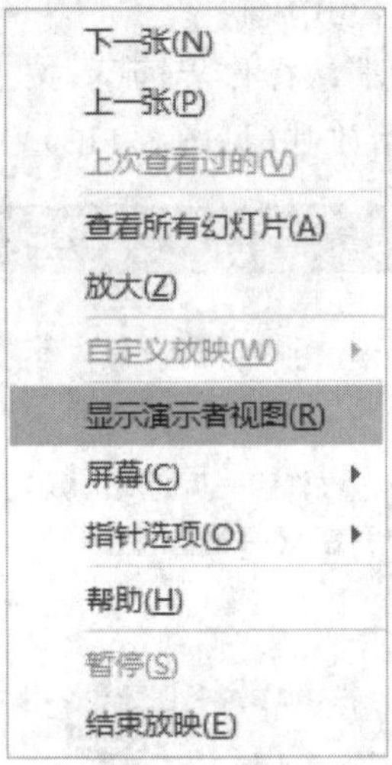

图 8-114　选择“显示演示者视图”

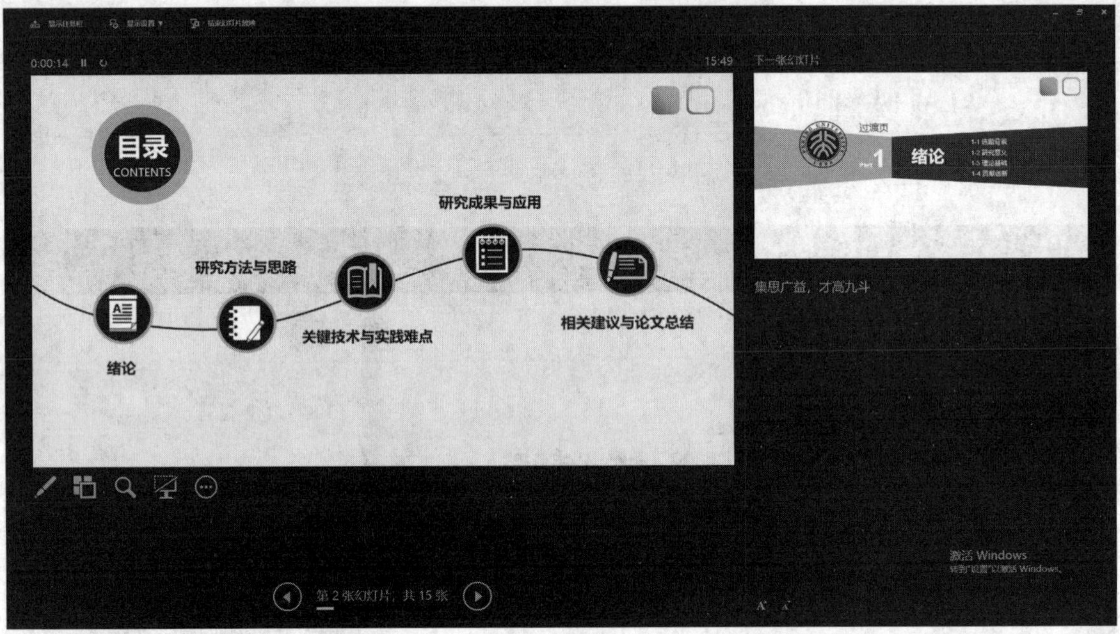

图 8-115　从固定页开始用演示者视图模式放映

在演示者视图模式下，按 Alt＋Tab 组合键，可随时与普通放映模式进行切换，按 Esc 键可退出放映。

参考文献

[1] 吴文俊. 中国数学史大系:第 1 卷[M]. 北京:北京师范大学出版社,1998.

[2]《历代碑帖法书选》编辑组. 大盂鼎铭文[M]. 北京:文物出版社,1994.

[3] 王焕林. 里耶秦简九九表初探[J]. 吉首大学学报:社会科学版,2006(1):46-51.

[4] 华印椿. 论中国算盘的独创性[J]. 数学的实践与认识,1979(1):76-80.

[5] VON NEUMANN J. First draft of a report on the EDVAC[J]. IEEE Annals of the History of Computing,1993,15(4):27-75.

[6] TURING A M. Computing machinery and intelligence[J]. Mind,1950,59(236):433-460.

[7] 周以真. 计算思维[C]//中国科学技术协会学会学术部. 新观点新学说学术沙龙文集 7:教育创新与创新人才培养. 北京:中国科学技术出版社,2007:122-127.

[8] 郭艳华,马海燕. 计算机与计算思维导论[M]. 北京:电子工业出版社,2014.

[9] 唐培和,徐奕奕. 计算思维:计算学科导论[M]. 北京:电子工业出版社,2015.

[10] 布鲁克希尔. 计算机科学概论:原书第 11 版[M]. 刘艺,肖成海,马小会,等译. 北京:人民邮电出版社,2011.

[11] 帕森斯,奥贾. 计算机文化:原书第 15 版[M]. 英文版. 北京:机械工业出版社,2013.

[12] 奥肯. 平等与效率:重大的抉择[M]. 王奔洲,叶南奇,译. 北京:华夏出版社,1987.

[13] 普雷斯曼. 软件工程:实践者的研究方法:原书第 7 版[M]. 郑人杰,马素霞,等译. 北京:机械工业出版社,2011.

[14] 麦克洛克林. 计算机体系结构:嵌入式方法[M]. 王沁,齐悦,译. 北京:机械工业出版社,2012.

[15] IEEE. 754-1985-IEEE Standard for Binary Floating-Point Arithmetic[S]. IEEE,1987.

[16] 沃法德. 计算机系统:核心概念及软硬件实现:原书第 4 版[M]. 龚奕利,译. 北京:机械工业出版社,2015.

[17] 塔嫩鲍姆,奥斯汀. 计算机组成:结构化方法:原书第 6 版[M]. 刘卫东,宋佳兴,译. 北京:机械工业出版社,2014.

[18] 伯格丁. 信号完整性分析[M]. 李玉山,李丽平,等译. 北京:电子工业出版社,2005.

[19] 塔嫩鲍姆. 现代操作系统:原书第 3 版[M]. 陈向群,马洪兵,等译. 北京:机械工业出版社,2009.

[20] 特南鲍姆,韦瑟罗尔. 计算机网络:原书第 5 版[M]. 严伟,潘爱民,译. 北京:清华大学出版社,2012.

[21] 斯托林斯. 密码编码学与网络安全：原理与实践：原书第6版[M]. 唐明，李莉，杜瑞颖，等译. 北京：电子工业出版社，2015.

[22] 拉泽尔，等. 计算社会科学[J]. 孟雷，秦兵，译. 中国计算机学会通讯，2011，7(6).

[23] KRIEGMAN S, BLACKISTON D, LEVIN M, et al. A scalable pipeline for designing reconfigurable organisms[J]. PNAS, 2020，117(4)：1853-1859.

[24] 易建勋，史长琼，付强. 计算机硬件技术：结构与性能[M]. 北京：清华大学出版社，2011.

[25] 易建勋，范丰仙，刘青，等. 计算机网络设计[M]. 3版. 北京：人民邮电出版社，2016.

[26] 易建勋. 计算机导论：计算思维与应用技术[M]. 2版. 北京：清华大学出版社，2018.